U0119338

勇敢不是無所畏懼，

而是儘管害怕，你還是願意一試。

# Content.

**〔目錄〕**

## 第二部　從磨練中面對挑戰

在風險與機會當中，我總是看到機會，
而且比起旁觀，我更想親自參與。

## 第三部　從管理中萃取智慧

你無須喜歡、崇拜或憎恨你的主管，
但你必須要學會管理他，好讓他變成你達成目標、
追求成就及獲致個人成功的資源。──彼得．杜拉克

## 第四部　從意義中發掘力量

萬事都互相效力，叫愛神的人得益處。
——《聖經》羅馬書 8 章 28 節



**My Journey**

推薦序

# 找到改變自己的力量

——駱怡君 王道銀行董事長

無論你是初入社會的職場菜鳥，或是在職場上打滾數十年的管理者，這是一本都能受用且感到鼓舞的勵志文本。而最讓我感動的是，勵志文集往往給人感覺高掛天邊，但這本書卻很接地氣，是一個又一個真實的學習與體悟，在不斷面臨困難和調整步伐下，所走出的一方天地。

Rose 的成就不是遠在天邊的故事，而是一步又一步勇敢的選擇。她將過去三十年在職場上奮鬥的過程、觀察、體悟，甚至人生的感念與淬煉，都擷取在這本書內。

如果你曾經或正在對工作與人生感到迷茫，我相信這些寫實而深刻的分享，不僅能帶給你很多應對職場與人生變化的方法，更會賦予你心靈滿滿的力量。

這本書很真摯地分享了 Rose 多年來在職場上大大小小的難

題，因為這樣，這本書與我們更貼近。人生不可能沒有挫折，再聰明能幹的人，也會有跌倒徬徨的時候，無論是轉換產業的自我懷疑，或是以管理者身分帶領公司所面臨的難題，乃至於人生面臨的轉折，要克服這些，都不是易事。但 Rose 用自身經驗向我們證明了：只要勇敢，沒有過不去的坎。

我對 Rose 職涯中印象最深刻的，是當公司大中華區的主管離任時，她勇敢地毛遂自薦的過程。身為亞洲面孔的女性領導人，她為自己衝破了隱形的玻璃天花板，而「不為自己設限」正是為自己開拓更好未來的必要條件。在頭過、身也過後，留下的影響力與正能量，應該就是我們每個人每天努力工作生活的心之所向吧。

不斷嘗試各種可能、改變心態與角度、擁抱未知、發揮影響力，Rose 這份「勇敢說 Yes」的勇氣，就是一個見證。時至今日，Rose 勇敢活成自己想成為的樣子，而不只是外界所定義的。祝福所有正在尋找人生不同可能的讀者，都能從中得到啟發，找到改變自己的力量，成為最漂亮的自己，發光且發熱！

推薦序

# 青春的定義

——王文華 作家、夢想學校創辦人

第一次見到 Rose，是在台北車站對面許昌街的 YMCA。那是個燈光陰暗的房間，一個準留學生的交流活動。她和我都準備出國念書，人生的旅程，我們即將啟航。

第二次見面，是在台灣的 MTV 電視台。我們是前後期的總經理。我剛上任，跟她請益。她給我很多實際的建議，有些在我離開 MTV 多年後的今天，依然適用。

後來就是在雅虎了。我參加過好幾次雅虎的活動，Rose 總是從光芒萬丈的舞台上走出來歡迎大家。有一次她說，雅虎的使命是「inspire and delight users」（讓使用者感到啟發和愉悅）。

其實，讓人感到啟發和愉悅，正可以形容 Rose 這個人。

這本書讓我看到 Rose 在我們三段緣分之間的人生，也讓我了解到她那股「啟發和愉悅的力量」的來源。

第一個源頭是人格特質：她喜歡做沒做過的事。高中時，帶班上的啦啦隊，做火爆的隊服；大學時，修表演課，去外縣市公演；留學回國後，錄唱片，出合輯；做「MTV 好屌」廣告，變成五層樓高的西門町戶外廣告。

她特別敢做別人不看好的事。

在雅虎，把握 eBay 進台灣前的時機，飛到美國說服創辦人楊致遠投資台灣做拍賣，跟 eBay 直接競爭。後來，更進一步說服總公司在台灣併購，讓台灣成為全世界唯一在電商拍賣、購物都領先的分公司。又比如說，離開跨國大企業後，接下公益組織「台灣世界展望會」的董事長，帶領同仁做數位轉型。

那股力量的第二個來源，是執行力。人生中，說 No 很容易，因為沒有後續；說 Yes 很麻煩，好戲在後頭。Rose 不怕麻煩。高中做啦啦隊隊服，跟老闆殺價。在奧美，接下別人不想接的客戶，搞定繁瑣的 AE 工作。在 MTV，仔細分析成本和營收數據，找出公司的危機和轉機。她堅持細節，卻又給同仁足夠空間。在這衝突的兩件事，找到平衡。

第三，她不只靠自己，也靠團隊。她一路以來的戰友，如今都是台灣網路業的領袖。他們都在書中分享了和 Rose 共事的經驗，英雄惜英雄。而這團隊中最疼惜她的，是她笑稱「不叫不動、一叫就動」的老公（已經比我們其他這些做老公的好一半了！）而最 powerful 的一員，則是主耶穌。

這三點，創造了 Rose 愉悅的力量。但這本書不只有愉悅，也有心酸。她寫下小時候口吃、離開眾人羨慕的寶僑公司、離開第一段婚姻、生病……。

這些愉悅和心酸，也許是 Rose 個人的，但她從這些經歷中學到的智慧，卻適用於每一個人。這本書的寫作方法，讓沒有這些轟轟烈烈經歷的我們，也可以從她的人生獲益。

這麼多年來，想起 Rose，我還是會想起許昌街上的 YMCA。她在那陰暗房間中散發的光芒，遠超過後來在無數鎂光燈下的雅虎。為什麼？我猜是因為那時，我們都年輕。一無所有，卻毫不畏懼。對人生所有的甜美和苦澀，都勇敢地說 Yes。而這不就是，青春的定義！

過盡千帆的 Rose，仍是當年許昌街等待啟航的 Rose。這是一位「年輕人」，寫給其他年輕人的一本書。

推薦序

# 勇敢回應生命的召喚，為他人引路

——方念華 **TVBS** 主播、主持人

Rose 這本新書書名《親愛的別怕，勇敢說 YES》映照出她深深體貼職涯裡「怕」這件事，對人「心」的影響。

一個關心人的「心」，勝於人的成績和成就的作者，帶來的訊息，才是打開生命暗室的鑰匙。

一個人的職涯可以有多久？

光陰倏忽，我在電視新聞工作上，竟然已經超過三十年！這是 1990 年代初期，還只偶爾播播氣象預報的我，想也不曾想到的生命積累。

職涯占據了這麼長的生命段落，職涯裡的「怕」，也極有可能反映了自己人生的憂懼；或者，職涯裡的憂患，滴水穿石地滲入人生各個面向裡。

《親愛的別怕，勇敢說 YES》誠摯地分享了「怕」的三種面貌：我們知不知道會怕？我們究竟看不看得到，內心深處自己怕的是什麼？我們如何和這種憂懼漸行漸遠，擁有不要怕的力量？

這本書像光陰的故事。

Rose 當然有和你我一樣「初生之犢不畏虎」的職場菜鳥階段，但那並不是不知愁，所以不會怕。而是因為我們剛進入社會的陶成缸，不敢「不跟別人一樣」。左顧右盼，亦步亦趨，踩著前輩的石頭過河……感覺這就是安全保障，但也許，這正是一種內在的憂懼。

Rose 一開始決定離開穩定又高薪的寶僑（P&G），就是全書非常精采的起手勢。她一生職涯，不想不分辨。分辨使我們陷入天人交戰，但是分辨之後清明的力量，往往超越隨波逐流用盡的力氣！

這是 Rose 全書「知道會怕」奇妙的特點——真正要怕的，不是職涯裡這次那次的選擇，或許，又和多數人不一樣；而是像她一樣，要怕自己聽不到內在的召喚（calling）。

Rose 在職涯的許多抉擇點上，即使後來大半時間在雅虎居全球高位，她流露的關鍵判斷，幾乎都回到「回應內在召喚」的平衡點上。

我們看她「成就」了很多、「擁有」了好多，但 Rose 這本書裡最珍貴的，是她一生職涯都聆聽自己「我是誰」。是這個基準，讓 Rose 和「怕（憂懼）」的半輩子過招，攻無不克。當然，和 Rose 同在基督信仰裡肢體相連的關係，使我確信，這和她校準自己、總面向造物主有關。

回應召喚，就是願意在多數人左顧右盼、環視周遭才確立自我價值時，記得回到一個安靜的靈性內室，看看經過職涯水裡來、火裡去之後，究竟還保持了多少理想性、留有多少初衷。

書裡 Rose 分享成功的同時，一定伴隨著每個親身經驗裡，她遭遇的挫折。因為這無數的挫折——位高權重時，挫折難度也跟著放量；使得我們閱讀時，會信任她從挫折走出來，那些整理匯聚的體悟。為什麼？不是強者可以安慰人，是她和你我都有的脆弱和疑惑，在這職場江湖，體貼了我們在脆弱時，最怕的孤獨感。這是這本書最讓我感動的地方。

Rose 每一個篇章裡，那些職涯裡不怎麼一路順利的地方，讓我感動。她的遭遇寫出來，就變成閱讀者的祝福！我們能如此親近地學習到，經歷困難或落進挫折時該如何自處、他處，最終以「共好」的智慧，一次次迎刃而解的方式。這本書，幾乎像一個

「職涯挫折，我不會怕！」的法門。

最後，我喜歡這本書並不像「董事長回憶錄」。意思是，Rose並非帶給我們仰之彌高的 101 跨年煙火。燦爛震撼之後 ...... 就沒了，我們仍然得再回到暗夜的街上，自己找路。

Rose 的新書又翻開生命新的篇章。不再在朝九晚五的白領辦公室裡，她生命的「工作」，從退休後，開始以多種不同的樣貌茂發芽苗。在家裡、在教會、在各種愛的關係連結上，Rose 更加成為別人不可缺少的助力。她要聆聽的召喚，來源更多；她得做出的分辨和回應，更加豐盛！

《聖經》聖詠集（詩篇）裡說：「像植在溪畔的樹，準時結果，枝葉不枯。所作所為，隨心所欲」。這是我個人最喜歡的祈禱和讚美，也是我個人對人生處遇，永遠尋求的嚮往。

最後，我也誠願您從這本書，隨著 Rose 人生的光陰河，流向了她充滿恩寵的現在，一如詩篇裡這樣的美好！而現在到以後，依然準時結果、枝葉不枯！

推薦序

# 不只是自傳，<br>還是一部台灣網路創業史

——林裕欽 Dcard 創辦人

記得第一次遇見 Rose，是在 2020 年政大 MBA 的演講上。主辦單位除了邀請各大外商、頂尖企業的領導者外，我很幸運地代表 Dcard 分享年輕創業者的心路歷程，因此得到了機會與 Rose 交流。

前往會場時，除了演講，我同時也充滿著朝聖的心情。Rose 在台灣網路業是響噹噹的名字，她在雅虎推動的各項服務跟併購，直接改寫了台灣網路業的歷史。在演講前，我的認知只停留在此。聽完演講後，藉著底下聽眾舉手回饋的一段話，來表達我的想法：「聽你的演講就好像是見到一位搖滾巨星！我好希望有一天能像你一樣！」我打定主意希望能有機會跟 Rose 近距離學習。很幸運地，AAMA 台北搖籃計畫把我們連結起來。

從那時開始，我每隔幾個月會跟 Rose 請益一番。很神奇的

是，每次的內容不一定完全記得，但忘不掉的是結束對話後滿滿的正能量跟面對未來挑戰的期待。Rose 很會在別人身上找亮點，這是一種體貼、重視人的習慣。常常在跟她的對話中發現另外一面的自己，這對我的溝通模式也帶來很多啟發。

疫情開始的前幾個月，Dcard 就改成全員遠端工作，希望能保護夥伴與家人的安全。儘管在疫情前就有每星期一天的遠端工作日，然而跟公司夥伴長時間不能實體碰面，全部的會議、互動都只能透過線上會議的模式，還是帶來不小挑戰。Rose 從她過去在雅虎的觀察與經驗，建議我們可以經常性地做 Ask CEO Anything，讓公司夥伴可以在第一時間從我口中知道 CEO 經營公司的想法，以及第一手資訊。最初聽到這個建議，我帶著半信半疑的態度嘗試，沒想到卻變成 Dcard 最重要的文化之一。每個人都希望被尊重、希望知道自己做事情的意義為何、希望被重視、希望被解答。透明的溝通文化肯定會有挑戰，但帶來的聲音跟反思卻是無價。而這 Ask CEO Anything 也因為成為公司滿意度最高之一的活動，而被延續下來。是 Rose 的親身示範，帶給 Dcard 這寶貴的企業文化資產。

除了溝通經營外，我從 Rose 的身上觀察到的還有滿滿「愛的能量」。有一次聖誕節，幸運地到 Rose 家作客。那天是陰雨天，但 Rose 家卻讓人感到溫暖。餐廳裡有張長桌，家人經常約好一起在長桌用餐，交換一整天的心情，彼此噓寒問暖。客廳裡，數位照片還輸出成一本一本編排用心的實體相冊，有出遊、有全家福、有獨照、有合照記錄著每個人從小到大的變化。我才知道愛的能量不只在工作上，還有在家庭裡。這些看似微小的細節，都是因為投入了心思經營，一滴一滴凝結而成。

得知這本書要出版，我非常開心又羨慕讀者。能夠觀察 Rose 待人處事是我最幸運的事之一，現在每個人都有機會從她的故事中學習！這不只是一部自傳，還是一部台灣網路創業史。有職涯探索、有併購、還有許多做人與經營洞見。整本書就像英雄故事一樣有起有落，有各式各樣的難題，真實分享自己人生的心境轉折。無論是職場新人、高階經理人、創業者都一定能找到對應在自己身上的些許啟發。

推薦序

# 真性情、有魅力的領導者，成就許多人勇敢說 Yes

——黃昭瑛 **KKday** 營銷長

挫折時願意陪你氣餒、悲傷時願意陪你哭、生氣時願意跟你同仇敵愾、無助時為你禱告的大老闆——Rose 就是這樣既真實又情感豐富的人。

我很幸運在二十三年前，因為雅虎奇摩的合併而認識這位超級真性情的大老闆，也讓我在二十歲時，就有機會看到真正的領導者典範：第一次有主管抱著我禱告到哭，也是第一次有主管聽到客戶不合理的要求，對我說「我們不要做了好不好？我們沒必要讓業務承受這種不合理的對待。」這些與 Rose 相處的故事，讓我在成為主管後的每一天，都有深刻的記憶與典範可以學習，影響深遠。

即便自己已經認識 Rose 二十幾年，在讀這本書時，還是又看到了許多不同面向的她。書裡寫到，她年輕時放棄了世俗對於好工作的看法，拋下人人稱羨的好公司，甚至標會拿錢贖回自己的未來（賠償企業給她的簽約金），只為了選擇適合發揮的舞台。以及，優秀如 Rose 也曾沒被老闆當成高階主管的接任人選，直到她主動向老闆開口爭取，才有機會……這些片段都讓人很意外，那麼優秀又有能力、有領導魅力的強者，原來也遇過這麼多需要為自己勇敢站出來的時刻。我在看這些小故事時，真心覺得這次 Rose 的書能夠被出版成冊，真的可以幫助許多人，也讓她的影響力發揮到最大，真的是很棒的事！

還有一個感動是，書上提到父母對她的管教與栽培，每一段童年的點點滴滴都可以感覺到 Rose 有多麼珍惜、看重身邊每一個人。她不只看到父母的優點，記得這些大大小小的事情，連鋼琴學到一半不想學了，父母鼓勵她說放棄沒有關係，讓她長大後可以無所畏懼地探索世界與各種可能性，像這樣的事情，她都擺在心上紀念，這就是細膩又懂得珍惜與感恩的 Rose。她對身邊的每一個人，都充滿著細膩的觀察與體貼，從不吝於表達感謝，就算是很久以前發生的小事情，她也還是常常提起。正是這樣的特質，成就了她與別人不同的領袖魅力。

而踏出台灣成為雅虎海外市場的管理者那段，說實話，台灣沒有那麼多國際舞台，Rose 擁有的經驗，對台灣的年輕人才來說是很有價值的。從台灣出發的經驗，到底要怎麼運用在海外？領導海外團隊，人家不買單怎麼辦？這是 Rose 豐富的數十年雅虎工作中的日常，但書中寫出來的每一段故事，卻又如此地不帶包裝與真誠，包括寫了她剛上任就對部屬下指導棋的故事，這幾乎是每一個主管都會犯的錯誤。Rose 也不諱言自己曾經發生過，而後來快速調整、學習了如何運用別人的專業，讓懂的人來做，這個心境轉換幾乎是每一個高階經理人都要過的魔王關卡。

但 Rose 更厲害的是，她不只信任專業、為他們扛下壓力，甚至在成績不達標時，也能沉著地陪伴他們成長、找到突破的方法，而不是趕緊換掉他們以求自保。對於績效掛帥的外商體制來說，在沒有成績的時候還能堅定支持部屬的團隊主管，要有多強大的心智與信念啊！但終究每一次都讓大家跌破眼鏡，Rose 都沒看錯。

這些內容值得讓那些一年換一個經理人的外商老闆們看看，信念與堅持常常被老闆自我的安全感與焦慮給動搖，一直換經理人反致企業錯過成功。Rose 的力挺絕非盲目，而是她真的看到對的人才在對的角色上，需要她的全力支持才能成功，有多少老闆可以像她這樣呢？不管在台灣、在海外，她書上都分享了類似的故事，這是她能率領優秀國際人才多年、甚至連退休後還有那麼多子弟兵與戰友們繼續向她請益與交流，很大的原因之一啊！

書上有價值、值得推薦的地方太多了。希望讀者透過這本書或是參加 Rose 介紹新書的場合，更近距離地接近這位情感充沛、真心誠懇的領導者。她的書不是要告訴大家她有多棒，而是她成就了許多人「勇敢說 Yes」的故事，每個篇章都值得一再回味。

# 一致好評

雅虎有幸能有 Rose 付出寶貴的二十年，從台灣總經理成長到一位優秀的 global executive。她的熱情、無懼和鼓舞人心的能力，建立充滿正能量的工作文化，帶領團隊在組織裡不斷創新。她在書裡分享的故事，對在職場尋求突破的人，有很大的啟發。

—— **楊致遠**

雅虎創辦人

2005 年雅虎投資阿里巴巴後，我認識了 Rose。第一次見面，她給我的印象是一個女強人，是一個執著專業的經理人。經過多年的接觸，讓我看到更立體的 Rose：她的智慧、活力和魅力，散發著以柔克剛的力量。她對事業的熱情，以及對待合作夥伴和部屬的關心，讓我體會到她是一個天生的領導人。正如她所說的，勇敢不是無所畏懼，而是哪怕知道前途充滿了艱辛困難，帶著敬畏，還是願意全力以赴地去嘗試。阿里有一句話：「快樂工作、認真生活」，Rose 在這本書裡徹底實踐了這句話的真正意義。

—— **蔡崇信**

阿里巴巴集團董事局副主席

Rose 的積極性格在這本書中表露無遺。她雖說是退休了，但還是很積極地推展世界展望會的會務。現在，她將自己在職場裡寶貴且獨特的經驗寫成此書，相信會對在職場中打拚的年輕人帶來許多啟發。

—— **海英俊**

台達電子集團董事長

Rose 是第一位成功地把台灣網路經驗打造成世界經驗的傑出企業家，這本書是她職場與人生智慧的精華分享。Rose，人如其名，美麗大方、熱情洋溢，更重要是她「can do」、「work hard, play hard」。閱讀此書，將感受到她的勇敢與無懼，著迷於她打破性別、文化、領域等職場天花板的成就與努力，點燃心中那把「有為者亦若是」的火苗。

—— **簡立峰**

前 Google 董事總經理

Entrepreneurship（創業家精神）既是從零到一的開疆闢土，也是從一到一百的突破超越。Rose 不管是在跨國企業裡帶領團隊乘風破浪、在公益團體裡求新求變，展現的都是藏在她基因裡的創業家精神。

身為軍人子弟的 Rose，得自於軍人父親的並非紀律服從，是對責任的忠誠，是危難時一往無悔的勇氣。在未知中，她看到的不是風險，而是機會。永遠設定高標，毫不懼怕，奮力向前。

這本書讀來鮮活生動，就像聽 Rose 本人說話一樣精采萬分，滿載年輕人在職場上所需要的養分，為每個關鍵時刻提供最好的陪伴。

—— **王煒**

中磊電子董事長

熱情綻放，燦爛美麗，人如其名……中文的開蓮、英文的 Rose，以真誠文筆細數玫瑰人生。

從長大成人到退出權力戰場，天生明星特質（star quality）的作者，無論何時何地，總是像孔雀開屏般耀眼奪目。成功的背後絕非失敗，而是勇於承擔、敢於拓展。

這本自傳體的書，從多元面向分享身為傑出領導人在歷練後的珍貴心得，值得現代人好好拜讀。

**—— 莊淑芬**

共想聯盟願景長、台灣奧美共同創辦人

舞台上永遠亮麗的 Rose，分享她的第一人生，也有春夏秋冬，但季節樣貌不同，靜心體會，俯拾皆寶。現在的她，開啟第二人生，愛與分享，追求的不再是精采，是生命的圓滿！

**—— 蔡玉玲**

台灣女董事協會榮譽理事長

謝謝 Rose，在本書中分享她勇敢說 Yes 的人生智慧：「以人為本，創造互利雙贏」、「勇於挑戰，萃取管理智慧」、「與神連結，發掘心靈意義」。

—— **郭瑞祥**

台灣大學管理學院教授／創意與創業中心主任

Rose 是一個用「心」在生活的人，也因此，無論成功或挫敗都成為她生命的養分，並能在職場屢屢放棄本位主義，與人建立互信的夥伴關係。

在堪稱人生勝利組的同時，Rose 選擇讓上帝成為她隨時的幫助。《聖經》說：「你要保守你心勝過保守一切，因為一生的果效是由心發出。」可見用心生活真是智慧！願上帝繼續保守 Rose 的心，享受用心生活的喜樂和滿足，分享用心生活的智慧。

—— **蘇哲明**

台北真理堂主任牧師

如果你覺得成功人士都有一定的形象，那你一定還沒認識鄒開蓮！她是一個會把洗衣球扔進烘乾機、把泡澡包當成茶葉包（喝的時候還嘖嘖稱奇這茶怎麼黏呼呼的）、人抵達車站行李還放在飯店的迷糊姐……但她這種不拘小節的天性，正是她在職場能成為百變玫瑰，在每個階段都能蛻變成世代典範的關鍵！

多年前我在 MTV 時代認識他，長達二十年的友誼心疼見她婚姻失敗，但從沒阻擋他再度擁抱愛情的決心！她擦乾眼淚，分享給我《兩次約會見真章》這本書，告訴我她是如何透過神的帶領認識自己、也更了解另一半的真諦，因此現在擁有蒙神祝福的家庭。

光鮮成功的她另有一個身分叫「繼母」，不同於傳統連續劇情節，她和非血緣關係的女兒感情超越一般母女。我曾在病床前，看到 Rose 與女兒、女兒的生母三個人抱在一起禱告。這是我一生難忘的景象，比任何龐大數字的業績更令我震驚。

我曾緊張地在醫院門口等待，要為即將住院手術治療腫瘤的她禱告祝福，沒想到她蹦蹦跳跳地出現在我眼前，拎個小包包一副大無畏的模樣，彷彿是前來探病，而不是病人本身……。

儘管沒有一帆風順，儘管生命中充滿了摔跤、跌倒、不順利，我從沒看過 Rose 留在原地哀傷嘆氣。「少根筋」的性格反而讓她看輕失敗痛苦，大剌剌讓她總是勇敢向前。

「鄒開蓮式」的成功秘訣，就是「別怕、勇敢說 Yes!」充滿陽光大無畏的精神，可以讓每一個做好準備卻又跌跌撞撞的你，樂於迎接各樣挑戰，展開人生無限可能。

**—— 蔣雅淇**

STUDIO A 共同創辦人

我喜歡她的真誠，我讚嘆她的勇氣，我也感受過她的無私與分享。Rose 這個人與這本書，能夠深刻地讓所有人知道，一個「成功的」女性是如何「鼓起勇氣」接受、甚至主動尋找一次又一次的挑戰。

**—— 張瑋軒**

女人迷創辦人、作家

作者序

# 為自己說個不一樣的人生故事

多年來，一直有出版社鼓勵我出書，但我一方面工作忙碌、沒時間，也覺得自己沒什麼了不起的成就值得頌揚。直到 2020 年離開全職工作，不再天天往前衝，才有時間整理過去。

我發現自己工作三十年，始終保持高度熱情，雖是專業經理人，卻把公司當成自己創辦的企業。面對挑戰，不輕易妥協，總在想如何突破。從上到下的老闆同事，都相處愉快成了好夥伴。每天上班的心情，就像是從一個家到另一個家。

但我也發現，職場上很多人不是這樣的。有些人對工作沒有太多期待，視之為支付開銷的經濟來源，少做一點就是賺到了。也有不少人上班常常不開心、人際關係不好、感覺停滯、缺乏成長、熱情熄滅了。既然工作占據了我們大部分的時間，相信每個人都想做得開心、做得出色。那麼問題出在哪裡？

而我也最常被職場女性詢問，工作、家庭如何兼顧。我能體會那種蠟燭兩頭燒的感受，但內心仍忍不住疑問、擔憂：難道，工作成就和幸福家庭真的是一道選擇題嗎？

我想，或許我的養成經驗，一些職涯中的信念、心法，值得認真分享。這本書每一章裡的故事，都是我的親身經歷。而且不只有成功，我也真誠地談到人生的低谷與挫折。我並非聰明過人，有勇敢，也有任性。許多心得都是在跌跌撞撞了之後、在不放棄的禱告中，一點點體悟出來的：

- 為工作打磨、蹲馬步是必經的過程，進入狀況後，才會愛上你的工作。
- 愈早培養一顆「總經理的腦袋」，對你現在的工作會愈有幫助。
- 不管是什麼樣的方法和技巧，管理都離不開做人。
- 當團隊有出色的表現，主管才有成長的空間、晉升的機會。這樣想，你就會去找很有能力的人，也不害怕會「管不住」比你厲害的人。
- 幫助部屬成功，自己才有機會成功。
- 老闆也是人，而且很寂寞。
- 向上管理的第一個關鍵，是進入老闆的思維。
- 沒有人比我們更關心自己的職涯，自己不爭取，就是放棄被考慮的機會。

- 如果上帝賜給我這樣一個忙碌的職業婦女小孩，祂也一定會給我能力做孩子的好母親。
- 我們不用直接擔任孩子的老師，我們可以把真正的老師帶進孩子的世界，讓孩子看見好的典範，對工作和人生充滿期待。
- 我們需要說給自己聽一個不一樣的故事：我所擁有的，已經足夠去面對下一個機會和挑戰。真正需要的，是跨出去的勇氣。

一直以來，我喜歡稱關心我的朋友「親愛的」。希望這本書，在你躑躅不前時，能幫助你啟動內心的引擎，不被小小的自私、面子，或者誇大的恐懼所攔阻；當你大聲說「Yes, I can.」，並且勇敢去做，就不是失敗。任何一點突破、往前跨近一步，就已經有收穫，距離目標又近一點了。最大的失敗是原地踏步、徒留遺憾。

能完成這本書，我要感謝《天下》的智芳，不僅說動我寫書，還答應親自替我訪談、整理、寫初稿，讓我可以從那裡開始，再放進我的想法和故事。

我已多年沒寫文章，感謝我的先生和孩子一直鼓勵我、肯定我，給我加油打氣。還有許多朋友，和在不同階段啟發我的產業先進，給我正面的回饋，還願意推薦這本書。雖然花了很長的時間，但是我很珍惜有這個機會回顧自己的成長、工作，以及家庭生活的領悟。

真心盼望，這些幫助我面對挫折，總是「看到機會」的信念，多多少少也可以成為你的幫助。

第一部

# 從環境中汲取養分

每一個改變，
都讓我更清楚自己擅長什麼、不喜歡什麼，
勇敢面對內心的聲音，做出選擇。

# 1　人生，就是要勇敢走一遭

2020 年年底，五十五歲的我，正式離開全職三十年的職場，卸下 Verizon Media 國際事業董事總經理一職。

二十年前，我從一個外行人，由音樂頻道 MTV 加入雅虎台灣擔任總經理。當時，公司只有十五人。到我離開時，Verizon Media 已不只是雅虎，還有全球廣告技術平台，以及其他媒體如 TechCrunch。我負責北美以外所有市場的業務與電商、媒體服務，包括亞太、歐洲、拉丁美洲地區，團隊有近兩千位同仁，是公司裡第二大的組織。

10 月，我的老闆、執行長古魯・古拉潘（Guru Gowrappan）宣布我要離開的消息，外商公司向來很少對一個要離職的人歌功頌德，但我老闆給了我很大的肯定與讚揚，還安排我在全員大會中跟大家分享、告別。

在台北辦公室，正逢疫情期間居家工作。那天我進公司錄線上月會直播，一走出來錄音間，看到各部門同事特別進來公司，排隊要跟我拍照。長長的隊伍，就這樣一路蜿蜒開來。他們跟我擁抱，像是來為親愛的家人送行，我的眼眶紅了。

我收到幾百封來自全球四面八方的電子郵件跟我道別。有人感謝我曾經給他們成長的機會；有人跟我只有一面之緣，也寫信來跟我說，我「can do」的熱情打動了他們，我堅持不放棄的韌性，在低谷時，激勵了他們。很多女同事表示，我給了她們一個女性領導的榜樣。

回顧這三十年的工作生涯，我非常享受，喜歡和別人一起攜手朝著目標奔跑。我的工作夥伴們常說：「只要 Rose 在，就算天塌下來也不怕。」不管外界發生多大的變動、情況多艱難，我總能看到希望，並且幫助大家不被眼前難關卡住，轉而用新的視角、新的態度面對，挺身前進。

能夠在職場上影響許多人，比起工作成績上的肯定，更讓我覺得有意義。

## 大膽挑戰網拍，正面對決 eBay

我做過不少關鍵的決策，在外人眼中，或許是大膽、沒把握的行為，但我相信有可能的事，一定會去試。其中之一，是帶領本來以搜尋、郵箱服務為主的雅虎奇摩，進軍拍賣市場。

2002 年 2 月，雅虎併購台灣奇摩站的整合工程進行了一年，運作開始穩定，我是總經理。這時，看見 eBay 即將進入台灣的消息。當時 eBay 獨霸全球電商，比亞馬遜還強。我想 eBay 一定做過功課，這代表台灣的拍賣是值得做的，時間就是現在。

雅虎也有一個拍賣服務，是美國的平台，但幾乎沒人關注。台灣已有一些人在上面買賣，我們的機會，就是盡快把美國的平台拿回來本地化，趁 eBay 還沒站穩時，藉著入口網站的流量優勢，全力衝刺。於是，身為台灣總經理的我，決定單槍匹馬飛去美國，到總部向創辦人提案。當時，是 2002 年 4 月，距離 eBay 進入台灣不到兩個月的時間。

創辦人楊致遠答應見我，我的心情十分忐忑。他帶著全球策略的執行副總裁走進來，寒暄以後，他說：「你要來談什麼？」

我提出雅虎奇摩要加速進軍拍賣的計畫，和 eBay 一較長短。他用一種懷疑的態度打斷我說：「Rose，你有沒有搞錯，你要跟 eBay 競爭？你懂怎麼做拍賣嗎？」他們看著我這台灣小市場總經理，只差沒有說：「你瘋了嗎？」

我做了幾張簡單的投影片，重點放在：為什麼雅虎在台灣應該發展拍賣、為什麼是現在，以及為什麼我們有機會成功。

台灣廣告市場的餅不大，約 800 億台幣，整體成長有限，然而零售業則有數兆元的規模。拍賣是賣家進入網購門檻很低的平台，個人賣家擴展到專業賣家是必然的趨勢。切入電商能帶來巨大的商機。

接著，我再把雅虎奇摩拍賣未來的規模，以「用戶數 × 轉換率 × 平均購買金額＝拍賣成交量」這個公式算給他們看，再參考 eBay 的收費方式算出營收。突然間，大家眼睛一亮。哇，有這麼大的潛力，開始有興趣了。

接下來的半年是關鍵，時機難得，要趁「勢」而為。如果現在投資，讓台灣團隊用美國的平台做出更適合台灣用戶的拍賣服務，加大行銷資源，我們有機會和 eBay 一搏。

這樣分析下來，我看得出，原本不信的大老闆買單了！於是，楊致遠說：「好，我給你十六個人，先把產品做好。」我相信，不只是我的計畫有說服力，我的勇氣也感染了他。

總部的支持大大激勵了團隊。雅虎拍賣快速成長，把 eBay 拋在後面。兩年後，平台上已有四百多萬件商品，真的是「什麼都有、什麼都賣、什麼都不奇怪！」2004 年，我們開始收費，成功打造了一個全新的營收來源。2006 年 10 月，eBay 退出台灣。回想當初跟創辦人提的願景與目標，我們竟真的做到了！

## 用創業家精神，在企業裡做事

職場生涯中，我一直在做沒做過的事。

以前不懂併購，一進雅虎就參與了併購奇摩，並且接下併購後最困難的整合工作。雅虎以在台灣的小團隊整合幾倍人數的奇摩，幾乎留住所有人才，可以說是少見的成功案例。

我希望用海納百川的文化，吸引外面的優秀團隊加入雅虎奇摩，補我們的不足，讓雅虎快速發展出有潛力的社群、電商。但台灣畢竟是個分公司，需要總部支持我不同的策略方向。

終於，我成功說服總部，在 2007 年併購了當時最大部落格與相簿服務的無名小站。2008 年，又完成與擁有五百多名員工的興奇科技併購案，將雅虎購物的多年合作夥伴「娶回家」。有了成功的拍賣服務，加上興奇團隊在網路零售的經驗，雅虎奇摩終於有了完整的電商 know-how。

擔任台灣總經理的七年間，我們不斷擴展，每月用戶占全台所有上網人口的98%，在搜尋和展示型的網路廣告市占率都超過一半。雅虎奇摩拍賣有九成市占率，購物規模逼近當時的龍頭PChome。台灣創造出全球雅虎唯一有廣告與電商營收雙引擎的市場。

我沒把自己當作只是一個外商公司的專業經理人，負責執行總部的要求。我抱著在企業裡創業的精神，把總部當成投資人，而我的責任是提出方法與帶隊執行，創造價值。

## 主動出擊，別當「冒牌受害者」

2007年，公司重組。在亞太區，雅虎中國併入阿里巴巴，我們大中華區的老闆剛離開，大家都很好奇接下來會怎麼安排。

一天，我在開車去公司的路上，意外地接到創辦人楊致遠的電話。短短寒喧之後，他試探性地問我對總部某位美國同事印象如何。那位同事是做投資併購的，10億美元的阿里巴巴投資案就是由他負責，是個人才。我一聽，就知道老闆想要讓他來做亞洲的頭，看看我有沒有意見。我覺得他的專長是策略併購，但毫無市場營運的經驗，而我有。我在台灣的成績有目共睹，但機會來時，卻被忽略了。

在那一刻，我知道我必須為自己挺身而出，我鼓足勇氣問：「Jerry，你有考慮過我嗎？」

被我一問，他愣住沒出聲，我的心跳加速，那幾秒中，彷彿空氣都凍結了。他說：「我想一想再跟你說。」之後，公司把北亞及澳洲市場交給我，將東南亞、印度、拉美等新興市場交給那位同事。我的主動出擊，為自己爭取到了第一個跨出台灣的工作。

這件事讓我注意到，很多人積極地在本位上做出成績，卻被動地等別人替他們安排下一步。問題是，沒有人比我們更關心自己的職涯，自己不爭取，就是放棄被考慮的機會。

做為一個台灣經理人，尤其是女性，很容易染上「冒牌者症候群」，總是覺得自己還不夠好、自己的經驗沒什麼、還要更努力……其實這是我們腦袋裡的謊言。我們需要說給自己聽一個不一樣的故事：我所擁有的，已經足夠去面對下一個機會和挑戰，真正需要的，是跨出去的勇氣。

有一次創辦人楊致遠造訪台灣，回美國後，他對大家說：「真正的雅虎文化在台灣，我鼓勵你們去看看。」十年間，我將「台灣經驗」帶出去影響其他市場，用台灣的精神和故事點燃他們內心的火。團隊合作，全力以赴，為自己和市場勇敢發聲。

## 新的季節，新的風景

告別全職工作後，我的人生進入了新的篇章。

事實上，人生不是單純地只用「停」或「動」來區隔。在工作中叫動，離職就叫停。我愈來愈感受到，人生的每個階段都是在為下一個階段預做準備，也因此，每個階段都有不同的任務和沿路的美景。

2019 年，我在擔任台灣世界展望會十三年董事之後，接下董事長。這個已有五十八年歷史、台灣最大的公益團體之一，凝聚台灣人的愛心，幫助了國內外一千五百萬個孩子和社區。現在，每年還有二十多萬個孩子接受台灣世界展望會的資助。這樣有意義的機構，需要永續下去。

NGO 以公益服務為價值核心，但不太懂運用科技，難以迅速回應多變的環境。我發現，上帝在這時讓我接下董事長，是要我把過去在網路公司的經驗用在更有需要的地方。於是，在我接掌董事長第二個月，我就開啟了數位轉型工程，親自帶領轉型委員會。我們要賦能所有的同仁，用數據來做決策，以數位工具提升工作效率、優化服務體驗。

兩年多的時間，我們創造的成果非常令人驚豔。首先，網路行銷替我們找到許多新的、年輕的捐款人。接著，開始推展行動辦公室，每個人的工作型態改變了。幾百位在各地的社工本來非常不習慣使用科技，但我們為每個人準備筆記型電腦及手機後，他們發現，過去到偏遠地區訪視完，還得回到辦公室才能寫報告，現在透過手機，可以直接在外地完成訪視報告，讓他們更有時間陪伴與關心受資助的孩子，也更有經驗幫助偏鄉孩子線上學習。

慢慢地，大家都接受了更有效率的工作方式。疫情期間，全會同事們可以在家工作，不影響進度。此外，將工作流程數位化，也大幅增加效率。過去，一筆捐款從捐款人刷卡到機構實際拿到錢，要經過三十天，改用新的電子付款系統後只需要五天。

看到大家從懷疑、抗拒，到現在開始津津樂道他們看到的效能提升，這改變，不只是工作上賦能，也開發同仁們更多的潛能，讓我非常喜樂。

另一方面，我的角色也變得更多元。我一宣布要退休，第二天就有一位做 AI 行銷科技的新創公司執行長林思吾來找我。他說：「我昨天看到新聞，今天就來了。Rose，你可以來做我的 mentor（教練）嗎？」

我們多年前見過一次面。我說，我們還不夠了解，先聊聊吧。

聊完以後，我被這充滿熱情的創業家感動，就答應成為他的mentor。接著，我也和另外幾家新創公司執行長結緣，像是Dcard的林裕欽。我很高興，有機會陪伴不同的年輕創業家或經營者成長，鼓勵他們、讓他們知道自己有能力做到，以及誠實地告訴他們什麼地方需要改進。

以前的我，是個明星球員，現在，我最享受的是，我可以做一個 mentor，看到其他人的才華。

在家庭關係方面，我也有很大的收穫。這兩年來，我最大的滿足來自於和孩子、先生更親密地相處，彼此間有愛的陪伴。

決心寫這本書，是我的一大功課。它是為了所有在工作中曾經猶豫、徬徨、踟躕不前的讀者而寫的，我想透過我的親身經歷、誠實分享，讓你知道，享受工作其實沒有這麼難，保持一顆積極進取的心，貧乏和挫敗，都會變成幫助你跨開大步的養分。只要願意幫助別人成功，自己就會成功；而最終你會從周圍的人身上，得到最好的回報。

人生，就是要勇敢無懼走一遭。對我而言，一場精采的仗，我已經打過了，而最好的季節，如今才正要開始。

# 2　父母給我的最好禮物

我的個性樂觀、喜歡交朋友、樂於探尋未知大過害怕風險、對事物充滿好奇心……這些後來幫助我成功的特質，可以說都是透過家庭教育養成的。

比起有人銜著金湯匙出生，我更感謝父母給了我一把勇敢探索世界的鑰匙。

## 深受海軍英雄的父親影響

父親是四川人，十八歲時響應「十萬青年十萬軍」，參加抗日，進入海軍。他參與過許多戰役。1949 年，國共戰爭已近尾聲，國軍艦隊在長江被共軍圍困，當時已有幾位艦長決定要投共了。我父親當時是個年輕的輪機長，他接受了艦長的命令，不顧安危地在槍彈中划著小船，去聯絡其他十三艘軍艦，一起趁著夜裡突圍，衝破共軍的封鎖，保住了海軍的實力。他因戰功獲頒極高榮譽的勳章，那時才二十三歲。

父親在軍中擔任各級主管，是個有肩膀有擔當的將領。有位部屬能力很強、正直清廉、工作認真，經常加班睡在辦公室裡。但是他不拘小節，儀表常不符規定。每當要提名升官時，大家就開始挑他的缺點。父親卻獨排眾議說：「我們要看的，應該是他腦袋裡有什麼，不是他外表怎麼樣。」全力挺他。這位就是後來因掀出拉法葉軍艦採購案而遇害的上校尹清楓。

父親看重人才，不怕用難管的人，也給能幹的人機會。這大大影響了我後來在職場如何用人、帶人。

在軍職上，父親有機會碰到很多錢，像是軍購。但不是他的，他絕對不拿，一生清廉。母親說，這讓他們一輩子都可以挺著腰桿走路，被人看得起。

父親雖然看起來威嚴，心卻很軟。在我小的時候，有一位替父親開車的班長，對我們盡心盡力，就像我們的家人一般。多年後我才知道，他年輕時生活貧困，沒錢養家，在軍中犯下了過錯。父親體恤他，幫他免去了軍法審判，使他有自新的機會。

逢年過節，許多從前受過父親幫助的老部下，即便已調到別的單位了，還是會來看我父親。我想是因為他愛人如己，才贏得人心裡的尊重。父親讓我感受到，只要付出對人的關心，職場也是很有人情味的。

我們家一共四個小孩，兩個姐姐、一個哥哥，我是小老么。我們從小就聽著父親的故事長大，父親的為人，深深影響我們做人處事。也因如此，我們都承襲了父親的勇氣，慷慨助人，也沒把賺錢當成人生目標。

父親年輕時喜歡跳舞，也懂得享受生活，常帶我們去歌廳聽歌。我中學時，私立學校管得非常嚴，但我迷上追星，喜歡剪貼明星畫報，一天到晚學歌星唱歌。儘管父親上班時看起來很嚴肅，私底下卻很幽默，還塞錢給我買明星畫報，說：「沒關係，我年輕時候也喜歡這些。」我想，我喜歡唱歌、演戲，大概是父親的遺傳吧。

隨著父親年紀大了，他更放得下面子，把愛說出來。我常常在上班時接到七、八十歲的老爸電話，說：「女兒，你都好吧？我只想聽聽你的聲音。」他常常對我們說，他有我們這四個兒女是多麼幸福。即使當他已老得坐在輪椅上，只要父親握著我的手、看著我，都能讓我感受到他溫暖的愛。父親愛家、表達愛的特質，也成為我後來擇友的條件。我先生真的就是這樣一個男人。

許多做父親的，尤其是上一代，以為自己對家庭的責任就是賺錢養家，反而忽略了有別於母親的關心照顧，以及父親的形象對孩子有多重要。我父親是我的模範，他給了我安全感與健康的自我形象。

## 物質貧乏的眷村，卻有自由的空氣

我在高雄左營眷村長大，一直到中學畢業。眷村獨特的文化形塑了我的性格。

左營眷村很大，住了近兩萬人，裡面什麼都有，是一個自給自足的社會。眷村裡的人來自大陸各省，都是年紀輕輕離鄉背井、跟著軍隊來台灣，年紀都差不了太多。小時候，我們住的還是連棟的日式房屋，一道薄薄的牆，彷彿可以聽到隔壁家的談話。街坊鄰居，常常串門子，有事互相幫忙，就像一個大家庭。

眷村裡的孩子自由自在的，沒什麼物質資源，就把偷摘鄰居水果、爬樹爬牆都當成遊戲。小學上學時，我喜歡每天走不一樣的路，還刻意沿著崎嶇的大水溝走，增加冒險的樂趣。

我家常有人進進出出來聊天、吃飯、打牌。有一次我放學回家，甚至看到學校的數學老師在家裡和媽媽打麻將。父母很重視禮貌，教我們一定要跟人打招呼、懂得和大人應對進退。

在這樣的環境裡長大，養成我們有很強的適應力和社交力，能和不同背景的人從容應對。

## 開明包容的母親，讓我做自己

母親是位安徽美女、家庭主婦，從年輕就想辦法省錢、攢錢、做小投資，補貼父親微薄的軍餉。但我們從來沒聽過她哭窮，也從未感覺到匱乏，這都是母親的功勞。

母親最看重教育。她看報紙會用紅筆畫圈，寫眉批，讓我們讀。她在大陸沒學過注音，為了要教大姐，自己先學ㄅㄆㄇㄈ。雖然母親希望我們不分男女，能念書就盡量念，但她知道每個孩子不一樣，沒那麼愛念書的孩子，就鼓勵他們念專科，培養一技之長；可以念的，就是賣地借錢，她也不皺眉頭地全力支持。

我從小功課就不錯，母親看出我會念書，初中就想辦法讓我去念南部最好的私立道明中學。一學期學費要新台幣 5,000 元，比我父親一個月的薪水還多，她省吃儉用也要送我去念。

台灣大學畢業後，我兩度遠赴美國念研究所，而且念的都是私立學校，對一個軍人家庭來說，是很沉重的負擔。在我出國前，爸媽只交代我，「念不下去就回來，別勉強。」讓我沒有太大的壓力。我很感謝父母從來沒有因為我是女孩，而捨不得給我最好的機會。

雖然媽媽重視教育，卻不八股；嘮嘮叨叨，思想卻很開明。小學一年級時，我學彈鋼琴。老師很嚴肅，一彈錯，就用筆打我的手，我很不開心，就決定不去了。回家跟媽媽說，她沒有責怪我，也沒堅持要我繼續。她並不覺得孩子非要怎麼樣才可以，也從不拿我跟誰家的孩子比。我從來沒有因為學校成績被母親打過，只有行為態度出了問題，她才會修理我。

哥哥小時候很皮，媽媽擔心他交到壞朋友，就叫他把朋友帶到家裡玩，她可以就近監督。我們學生時代的朋友，幾乎沒有我爸媽不認識的。媽媽燒了一手好菜，他們也都是我們家餐桌上的常客。就算是剛交往的男女朋友，我們也會帶到家裡來吃飯，爸媽不會大驚小怪。

後來，就連外孫女回國，也會把外國男友帶到婆婆家，介紹給外公外婆，還說外婆是她的「閨蜜」。有些秘密她會跟外婆說，因為外婆不會八卦，也不會論斷她。老實說，身為一個現代的母親，我不知道我有沒有我媽開明。

現在，很多父母對孩子的教育成長感到焦慮，干涉太多，反而讓孩子失去自我探索的勇氣。我想我的母親一定也經常為孩子擔心，但她選擇放手讓我們嘗試，這給了我們自信。這是她給我最好的禮物。

## 就算我搞砸了，永遠都可以回家

每個星期天中午，我們家所有孩子都回家和父母吃飯。這傳統維持三十幾年，直到父母過世。我的家一直是我的避風港，不管發生什麼事，只要回到家，我就有力量可以重新來過。

念書的時候，我參加很多校內外活動，有意義的、有沒意義的，他們從不批評。轉換工作跑道時，我也從來不擔心他們會不會有意見。對我，他們永遠張開雙臂，讓我很有安全感，能忠實做自己。也因此，我不害怕失敗的後果，因為我搞砸了，永遠可以回家，頂多餐桌上多放一雙筷子，我知道爸媽永遠歡迎我。

更何況，人生不會搞砸的，一切經驗都是學習。只要這樣想，就會覺得沒什麼好害怕。

就連我的第一次婚姻，事前他們已經有些疑慮，但面對我的任性，他們也沒有阻止我，母親只對我說：「蓮，你不要因為發了請帖就一定要嫁，婚禮隨時都可以取消。」

結婚之後，雖然他們看出我先生有問題，但為了我，父母還是接納他。到後來，我發現他在很多事情上欺騙我，已經不是兩個人吵架的問題，而是有人到我公司樓下拉白布條抗議的程度。婚姻走到這個地步，我的父母非常心疼，他們只叫我離婚，重新開始，沒有一絲一毫的責備，儘管他們有多心痛。

因為在信任中成長，所以我的人生可以無懼；因為完全被接納，我失敗了可以很快站起來；因為生活在愛中，我有自信，碰到機會，敢於大膽一搏。這是父母給我的最好禮物。

深深體會到家庭教育的重要性，我也希望自己給下一代的家，不是鳥籠，而是溫暖的後援、有力的支持。有一天，孩子帶著我們的愛和祝福，可以有勇氣地飛出去，寫下他們的故事。

# 3 跨領域學習，遇見更好的自己

每個人都希望找到自己的天賦，站上專屬的賽道。但是很多人直到進入職場、開始工作，都還不知道自己的長處、擅長的領域是什麼。

我很幸運，在學生時代就已經知道自己的優點。我喜歡和人互動，擅長溝通，能夠很自在地和任何人談話；在團體裡，我可以很自然地扮演起領導者的角色，影響他人。甚至大學還沒畢業，第一份工作就找上我。

我的許多能力都是一路在學校裡培養的，但比起在教室中學到的，更多的領導學習與經驗是從教室外的活動學來的。小學六年，我當了六年的班長或副班長。我很早就體會到，想帶頭，就要扛責任。

我還記得小學時，有一天所有老師去開會，同學紛紛起鬨：「既然老師不在，我們出去玩好不好？」當時我是班長，我知道這會惹麻煩，但是自己也躍躍欲試。於是，明明是自修課，我卻帶著全班出去玩，每個人都開心得不得了。後來老師興師問罪：「是誰帶頭的？」

想當然爾，我代替全班挨了一頓打，但是得到同學默默的感謝。身為主其事者，我一點也不後悔。

初中畢業，因為父親職務調動的關係，我們家從高雄搬到台北，我離開熟悉的眷村，北上參加高中聯考。我在中學的成績並不是最拔尖的，居然考進了北一女中，跌破大家的眼鏡。大學聯考時，我再次發揮臨危不亂的本領，以中上成績意外地考出佳績，進了台灣大學圖書管理系。放榜時，連我自己都不敢相信。

我發現，在考試這件事上，我似乎是壓力愈大，表現愈好。壓力讓我焦慮，但最後期限到了，我不逃避，還會奮力一擊。

高中時，我的數學不好，模擬考常常只考三十幾分。大學聯考前一天，我還不放棄，跑去找數學補習老師。他給我一個非常好的建議：「你的標準不是一百分，好好掌握選擇題的六十分就好了。」結果我專注在選擇題，最後只錯了一題，拿了五十幾分。對我來說，這就是勝利了。

這樣的經驗讓我看到了自己的爆發力。只要不放棄，不被昨天的挫敗限制，成功的機會就在那裡。

## 喜歡的事玩出名堂，一樣很有價值

高中時期，我參加很多課外活動：儀隊、朗誦、戲劇。別人看起來，我好像很「愛玩」，但這樣的玩並不是馬馬虎虎鬼混，浪費時間，而是在參與每一個有興趣的活動中，更了解自己喜歡什麼、擅長什麼、害怕什麼。

讀書考試不是唯一衡量自我的標準，如果能在自己喜歡的領域，付出努力、玩出名堂，我覺得一樣很有價值。不，或許比會讀書更有價值，因為學到的是深刻的經驗。比如，我開始知道，要很多人跟我一起做一件事，首先得讓大家有共同的願景。

高二時，我負責帶班上的啦啦隊，這原是運動會裡一個助興的競賽，但我很當一回事地籌劃，鼓動全班參與。我告訴大家：我們一出場就要讓別人驚呼 WOW ！不論舞蹈、隊形、服裝、隊呼，都要令人驚豔，忍不住要談論我們！在大家的腦海中，植入具體的想像。其實，這就是後來學到管理學講的「願景」。

執行是關鍵。首先，服裝一定要出色。我看上一件辣椒紅的連身迷你裙，非常吸睛，但遠遠超出預算，我除了跟老闆談判，壓低價錢，更重要的是，讓同學想像自己穿起來有多出色。當大家一看到那件漂亮的衣服，就動心了。

運動會那天，有別於其他班標準的白上衣配藍短裙，我們班穿著一身紅的隊服出場，吸引了全場的目光，報以熱烈掌聲。表演時，每個人都使出渾身解數，就連平時內向的同學，也大方地揮灑開來。果然，我們在這場比賽中拿到冠軍。更棒的是，我們「善班」的士氣也被激起來了。成功是很有感染力的。

高三時，我又因為跨界合作，發揮創意，在朗誦比賽奪冠。

那年，我帶班級朗誦參加全年級比賽。題目很八股，叫「奮起吧！中國！」我找班上的文膽寫了文情並茂的朗誦詞，但情緒要高潮迭起，光靠我們的聲音不夠。聽說有位夜間部的女生很會彈琵琶，我就去找她：「請加入我們班的表演吧！」促成了第一次跨界、跨班的合作。

她的琵琶很有感情，配合著我們的朗誦，加上中間獨奏一段〈十面埋伏〉，效果出奇地震撼。那一次，我們班拿了第一名，還應邀上電視的「大學城」節目表演。

這些活動像是領導的啟蒙課。在忙碌的課業壓力下，要讓同學願意一起投入，得先勾勒出讓人熱血沸騰的想像，也要按個人特長分工合作，解決人的情緒問題。更寶貴的是，我學習到即便沒有管理的實權，也一樣能發揮個人影響力，帶領大家朝目標前進。我後來職場的工作，內涵也不過就是如此。

## 沒進最棒的系，反而更好

等到進入台大，圖管系雖然不是我的第一志願，卻有很多選課的自由，我可以去修許多外系的課，探索我有興趣的文學、戲劇、廣告、行銷。我認為，在大學就應該多去跨領域學習，讓自己更清楚興趣在哪兒，對未來職涯更有啟發。

回頭去看，當年沒進最熱門的系，反而可能對自己更好。

我從小就喜歡表演，所以我修了一門外文系的表演課，是一位美國教授教的。一學期，我們排演了幾個短的現代劇本，還去外縣市公演，這是我第一次接受表演的指導。因為我很活躍，外文系大四時的畢業公演《雙姝怨》（The Children's Hour），就找了我這個圖管系大三生去軋一角。

現在認識我的人可能很難想像，我從小就有輕微的口吃。一緊張，有些英文我會發不出來，焦慮的時候，我說中文都會口吃。所以對我來說，上台表演雖然迷人，但又有太緊張時，會把自己的弱點暴露在眾人面前的恐懼。

我飾演的角色是一個七十幾歲的有錢老太太，在劇裡的情緒有著戲劇化的轉折。拿到這個角色時，我很害怕，覺得和我本人相差太遠了，我一定演不好。加上記英文台詞很難，又要裝老，怎麼演都不像。一旦沒信心，我的口吃就會跑出來。每次彩排都很挫折，幾乎想退出。

有一天，我痛下決心要成為第一個把腳本徹底背熟的演員，才總算打破這個困局。果然，背好台詞後，我開始融入角色，不必刻意裝，就能流露出她的心境。當我預備好了，在台上，我把這角色詮釋地十分鮮活。

公演那天，台下觀眾給我熱烈的掌聲。我們文學院院長看了，非常訝異那老太太竟然是平時又蹦又跳的啦啦隊長鄒開蓮。

演戲教會了我什麼？是同理心。走出自己，進入另一個角色的心思和感受，表現出來的才真摯、有說服力。另外，想要有非凡的表現，要從基礎開始，先把劇本背熟、馬步蹲好。這些經驗到現在都常提醒我，要有創新，基本功還是不能少。

很多人害怕站在台上面對密密麻麻的群眾。其實，恐懼是我們自己製造出來的，還沒上台就被負面的念頭擊垮。改變的秘訣就是用力甩掉「他們會不會不喜歡我」、「我還沒預備好，待會一定會出糗」……這些自我否定的念頭。取而代之的是，「我真的有話要說」、「下面的人很期待看我表演」等肯定自我的話。忘掉膽怯，全心投入，加上腎上腺素的幫忙，壓力下，表現反而可以更出色。

## 去做了，經驗就是我的

大學時，我投入喜歡的課外活動，電影、戲劇，結識了許多產業界的佼佼者，他們給了我難得的機會，在大學就開始接觸相關的工作。

大四那年，我嘗試戲劇創作，自編、自導、自演了一齣戲《消失的三點到三點半》，參加台大「花城劇展」。這齣戲讓我拿下最佳女主角獎。

國立台北藝術大學教授汪其楣導演的助理看了我的演出，邀請我參加演出台北市藝術季、由汪老師執導的莎翁名劇《仲夏夜之夢》。這是我第一次參與頂尖舞台劇工作者製作的戲，和科班出身的演員一起演戲，大開眼界，也結識了許多校外的好朋友。之後，汪老師導的下一齣戲，就找我做她的導演助理，讓我有機會完整地跟過一齣大型舞台劇。

我活躍於校內外的活動，比一般大學生有更多專案執行、團隊合作、溝通協調的經驗。當我正在想畢業後要做什麼時，我認識的知名電視製作人「倪桑」倪重華成立「真言社」，找我加入，成為他公司的第一位員工。我們和滾石唱片一起舉辦台北第一場有搖滾區的「切割大隊」（Cutting Crew）演唱會，我參與了全程的企劃到執行。

我的想法很簡單：對於機會，我總是大膽擁抱，先說 Yes。儘管這件事從功利的角度看未必「有用」，但只要是心之所向，不管準備好了沒，去做了，經驗就是我的。也只有透過實際去做，才知道這件事的好玩與價值在哪裡。

我的職涯起點與領導力，就是這樣一點一滴養成，而「Work hard, play hard」更成了我的生活態度。

# 4　三十歲前，我換了四個工作

怎麼選擇工作？如果不喜歡現在的工作，應不應該換跑道？這是很多年輕人苦惱的問題。

三十歲前，我換過四個工作，職涯早期滿顛簸的。我的兩次經驗是很好的對照。奧美廣告是我第一份正式的工作，兩年半中，從一張白紙，到面對初階工作的不耐煩、到突破找到動力、做出表現，創造了一次很正向的工作經驗。之後，我再度出國留學，回來加入台灣寶僑家品，一個原本很期待的工作卻水土不服，只做了短短六個月。

即便是很棒的公司，也不一定適合每個人。進入新環境就像是一顆種子撒在土裡，能不能開花結果，除了種子的努力外，土質、日照、有沒有人澆灌也大有關係。

經過這一遭，好工作對我而言，不再是以別人的標準衡量，而是究竟適不適合自己。環境對了，辛苦磨練也不怕。

## 加入奧美，一度從彩色天空跌到灰色地面

一九八〇、九〇年代是台灣廣告業蓬勃發展的年代。1985 年台灣奧美成立，引進國際化的訓練與文化，尤其重視創意，得了很多創意大獎。這是我回國工作的第一志願。

1989 年春天，我從美國波士頓大學拿到大眾傳播碩士學位，順利進入奧美，從當小 AE 開始，月薪台幣 2 萬 5,000 元。我想，錢少沒關係，這一定會是個有趣的工作。

那時我是極少數留學國外的 AE。我留著短髮，擦著大紅唇膏，常常穿著迷你裙和高跟鞋在公司裡外跑來跑去。我的穿著與活潑外向的作風，當時在奧美算是一個異數。只是，我很快就從想像中的彩色天空跌落到堅硬的灰色地面。

我第一個負責的客戶是美國運通。當時，美國運通是全球奧美最重要的幾個大客戶之一，但在台灣，它的廣告預算不高，大部分活動都跟著全球策略走，也不太做本地原創的廣告。所以，單純從廣告創意這個角度來說，可以說是個「無趣」的客戶。

而我大部分的工作，不但都屬執行端，還集中在日常瑣事。像是幫客戶跑腿印名片，也算是企業品牌的溝通項目之一。當時還沒有電腦排版，印名片也要做完稿，包括名字有沒有放正、線有

沒有畫歪，光是這些細節常常就要花上半天來回溝通、確認。因為工作很乏味、客戶標準又高，大家都不想做這個客戶，就交給我這個國外回來的新手。

我以為，廣告公司的生活應該像電影情節，男的帥女的俏，穿得光鮮亮麗，每天在會議室裡提案、腦力激盪做創意。結果，AE 的工作並不是這回事，而是被一堆雜事、開會、開完會交會議紀錄填滿。要不然就是拚命追著客戶問：「東西你看過了嗎？沒問題了嗎？」開給創意的工作單，也寫不出什麼洞見，很沒成就感。心思常常浮動，我想，是不是應該去做點別的？

美國回來以後，朋友介紹我認識了一位知名唱片製作人。他覺得我唱歌有潛力，把我推薦給當時規模數一數二的飛碟唱片，順利地出了一張合輯，叫《1989 夏令營》。之後，飛碟也覺得我可以栽培，要跟我簽約，正式出專輯。原本只是玩票，但若繼續往下走，我勢必得做選擇。

我開始認真想，我要往哪裡去？我老闆很開明，尊重我、鼓勵我，身邊又有許多聰明、才華洋溢的同事。我知道我還在蹲馬步，很多有趣的事還沒開始。雖然娛樂事業看起來好玩，但我不想做歌手，讓別人決定我的未來。我踩下煞車婉拒了唱片合約，專心回到廣告工作繼續打磨。

## 決心改變，不再小看自己的角色

那一年，美國國慶要到了，美國運通臨時決定要在英文報紙上刊登企業形象廣告。當時奧美的執行創意總監是個老外，他以美國獨立宣言為主視覺，結合美國運通的形象，創意既簡潔又大器。我們看了，都覺得這稿子超棒的，但是時間很趕，當天就要發稿，不然趕不上給報社在 7 月 4 日刊登。

我跟我的主管一起衝去送這張稿子給客戶，行銷經理是位美國人，從他的表情看得出來，他也很欣賞這個創意，但是此時偏偏又端出客戶的派頭，開始在小地方上挑三揀四。我的主管是老鳥，見慣了這種場面，馬上拿出一枝筆說：「你要怎麼改就怎麼改，要快，否則時間來不及。」

眼看一個完整的創意就要被破壞掉，我一陣怒氣上升，忍不住提高音量說：「Walter, you don't have to change anything, just say you like it!」我的意思是，既然你很喜歡這張稿子，為什麼不肯承認，非改不可？我們都很清楚，這是個好作品。

當下，我激動到幾乎要哭出來，客戶嚇了一跳。於是，這張稿子就這樣登出去，沒有更動。後來這個平面稿小兵立大功，替客戶贏得一座廣告獎。

這個小小的風波，不但沒讓我丟掉工作，反而讓客戶看到我很重視這份工作，不會因為自己只是個 AE，就一味順著客戶，閉口不說出我真實的想法。奇妙的是，這事件以後，客戶反而更看重我。

一年半後，我升做經理（account manager），工作已經很順手了，我也開始帶新人，客戶會說「Rose 你來就好了，你老闆不來沒關係」，給我很大的肯定。美國運通第一次在台灣拍電視廣告，我終於完整參與策略發想到監督執行，拍了一支很成功的 TVC，客戶很滿意，還得了廣告大獎。

追溯起來，在奧美幫助我突破的其實不僅是我自己的努力，更來自公司的文化與環境。鼓勵我的老闆、重視創意的文化、聰明有趣的同事……凡此種種，都構成了一片豐饒的土壤，給了我內在改變與進步的動力。在奧美僅僅兩年半，我交了許多好朋友，離開時，依依不捨。

## 進入寶僑，面對預期與現實的落差

拿到了 MBA 學位，我回台灣加入寶僑家品做品牌行銷。然而，別人眼中一流的機會，如果無法發揮，就要及時停損，不要眷戀。這是我對這次說「不」的體會。

寶僑家品是非常成功的百年企業，不僅是全球最大的消費品公司，更是打造品牌的高手。旗下有幫寶適、潘婷、海倫仙杜絲、歐蕾等知名品牌，說它是全球品牌行銷的聖殿，一點都不為過。

研究所第一年的暑假，我得到在台灣寶僑實習的機會，參與剛併購的化妝品牌蜜斯佛陀業務整合計畫。蜜佛有上百位專櫃美容師，和寶僑的業務截然不同，是整合的難題。我和美容師打成一片，了解他們的需要，讓我們做出很扎實的整合建議，老闆也很滿意。那是個很棒的暑期實習。

畢業前，老外總經理還親自打電話，極力邀請我回去，我很感動，毅然決然地拒絕了美國一個給我三倍以上薪水的工作，回來台灣，進入台灣寶僑，擔任蜜絲佛陀的品牌副理。

一進去，我才發現，現實跟預期有很大的落差。找我回來的老外總經理離開了，由第一位台灣總經理掌舵，風格很不同。

品牌是寶僑的核心，寶僑的成功要歸功於嚴謹的品牌管理。從消費者調研、產品定位、溝通策略，到廣告執行，不管是美國辛辛那提或台北，都有一樣的步驟，也有許多被驗證的最佳方案，讓大家不必走冤枉路，照著做就好。這正是寶僑厲害的地方，可以培養出專業嚴謹的品牌人才。

但這個環境並不欣賞天馬行空的人。我的特色是點子多，喜歡嘗試沒做過的。做為一個新人，當我拋出一些個人想法或未經驗證的創意，我老闆會皺著眉，叫我專注在他要我做的事，並且要照著對的方法做。

我的特質在一個極有制度的公司，變成扣分，總覺得自己什麼都做不好，信心和熱情直線下降。沒多久，我就對上班感到倦怠，挫折感很深。這次我又問自己：「我該怎麼辦？我想做什麼？」

我去找獵人頭公司的顧問，他說：「Rose，現在最好別亂動，以你的資歷，台大、西北大學 MBA，兩個碩士，做過奧美，寶僑再多做幾年，你就有一張完美的履歷表，那時候消費品公司總經理的機會就會來找你。」

但當下我心裡有個聲音：「我怎麼一點也不嚮往？」

有一天，中午吃完飯和一群同事回到辦公室。當初雇用我的人資主管看到我垂頭喪氣，叫我過去說：「Rose，你怎麼了？當初那個神采奕奕的女孩到哪兒去了？」

她說出這句話，就像給了我一記悶棍，把我敲醒。我在這裡，既不快樂，也失去了我喜歡的樣子。當下，我就決定到此為止。生平第一次標會，就是為了退還寶僑給我的簽約金。六個月後，我離開一個好不容易才進去的好公司。

很多人努力經營他的履歷表，按照履歷表上想要塑造的自己，去做許多重要的決定。但我始終相信，跟隨心中的鼓聲，做自己，比什麼都重要，不要讓公司招牌或是時間長短，成為綁架自己的藉口。

如果你問我，為什麼不做久一點，或許也會適應這個環境？也許是的，但我不喜歡一個什麼都有標準答案的工作。趁年輕，如果有機會去做更想做的事，為什麼不去試試看？

我對娛樂產業還是沒有忘情。我在《1989 夏令營》唱的那首單曲，作詞者是陳樂融，我大學時就認識他，一直保持聯繫。

有一天，我和陳樂融碰面。那時，本土的飛碟唱片剛被華納音樂收購，他負責行銷，直說不習慣這些改變。我說：「我對你的工作很有興趣哩！」他聽了就說：「你有興趣，那你來做啊！」

就這樣，他介紹我去了華納唱片面談。這次不是當歌手，而是做行銷經理的工作。我終於踏進了娛樂產業。

## 加入華納，找到銜接在地與國際的利基

其實，這份工作真正讓我動心的理由，是我逐漸開始知道什麼是適合自己的土壤。

我發現，我的優勢在於對未知不畏懼，敢去嘗試。我的英文優勢和海外教育，使我擅於做為在地與國際溝通的橋梁，這是我的利基。

唱片公司和寶僑天差地別，做產品決策倚靠主觀判斷，不重視調研驗證。加入跨國公司，國外的管理制度逐步被引進，原本的飛碟團隊也有很多需要適應。我積極扮演跟華納亞洲區溝通的角色，讓他們對台灣了解、放心，漸漸地，台灣的主管開始接納我、信任我，我對唱片業也有更多了解。

一年後，美國 MTV（Music Television）預備在台灣開中文台，我代表華納去跟他們開會。第二天，我接到 MTV 的電話，問我：「我們覺得你很適合 MTV，你要不要考慮？」

MTV 以創新起家，打造了一個給年輕人的顛覆性媒體。台灣有線電視合法化，興起一波新的媒體浪潮，此刻加入正是躬逢其盛。跳槽到 MTV 後，我的薪水已是一年前在寶僑的兩倍。倘若我沒有在 MTV 做媒體的經驗，之後也不會有機會進入雅虎，參

與一個更大的科技創新革命。

這就是機運。雖然我們沒有水晶球可以預見未來，但找對方向、準備自己，不可知的未來反而有更大的爆發力。

我們從小被灌輸的觀念，是敬佩以意志力堅持成功，看不起辭職、半途而廢。當然，遇見困難就打退堂鼓的人，絕對無法成功，但有時，堅持不見得是明智的，選擇退場反而更需要勇氣。

看我早期的履歷表，也許會認為我是個穩定度差、不知道自己要什麼的人。其實正好相反。每一個改變，都讓我更清楚自己擅長什麼、不喜歡什麼，勇敢面對內心的聲音，做出選擇。後來我在雅虎，一做就是二十年。

萬事起頭難，別擔心多花時間為工作打磨、蹲馬步，進入狀況後，才會愛上你的工作。然而，一旦發現真的不適合，也不要勉為其難，為履歷表工作。不如直面內心，別計較眼前得失，勇敢走出去。關一扇門，必有另一扇窗敞開。你會愛你所做的，甘心樂意地全力以赴。

第二部

# 從磨練中面對挑戰

在風險與機會當中，我總是看到機會，
而且比起旁觀，我更想親自參與。

# 5　設定高標，一做就要讓人 WOW

「Rose，我最討厭你了！」有一天，我和一位團隊主管討論完年度目標後，她突然對我說：「你的標準很高，但總是讓人想為你賣命去做。」

她的話讓我很感動，或許因為對領導，我從來不是去 play（扮演），而是 be（實踐）。我用自己對工作的熱情，點燃目標的火炬，讓大家看到達成的可能性，一起前進。

管理者的核心角色就是「影響人」，讓團隊中的每一個人發揮戰力、有成就感、有尊嚴。但這並不是件簡單的事，中間也需要經過模仿、摸索與學習。很幸運地，在我的職涯中，很早就出現讓我敬佩的女性領導榜樣。她影響了我的工作態度，也建立了我對領導的信念。

這可以回溯到 1995 年，我從華納唱片跳槽，加入正要進入台灣市場的 MTV 中文台，擔任行銷總監。

1981 年，MTV 這種音樂電視出現在美國的有線電視，開創了連續播放流行音樂、中間由年輕的主持人（VJ）串場介紹的電視型態。

長久以來，賣唱片主要靠收音機的廣播節目打歌，沒什麼公司投資 MV（music video）。但 1983 年，麥可傑克遜的〈Billie Jean〉在 MTV 播出，不僅唱片大賣，更為 MTV 帶來突破性的成長，讓 MV 成了唱片宣傳的主力，改變了流行音樂產業。

## 兩個行銷的大挑戰

這股浪潮席捲全球，也包括台灣。一九八〇年代開始，台灣到處可見 MTV 的招牌，卻是年輕人去租一個小房間看電影的地方。MTV 的商標不只被盜用，還被誤用。同時，MTV 又被音樂圈當成音樂錄影帶的代名詞。儘管各種意義很混淆，然而重點是：沒有人不知道 MTV。這是一個行銷挑戰。只要一想到，我可以在台灣建立 MTV 這樣具流行文化指標意義的品牌，我就非常興奮。

另一個挑戰是，市場已經有了一個頗受歡迎的山寨版 Channel V，早一年開台，是星空衛視（STAR TV）的頻道。節目裡用幾位年輕的華裔美國人做 VJ，夾雜著中英文主持，風趣幽默，吸引很多年輕人的喜愛。

正港的 MTV 如何能以類似的節目型態出現，而不被視為追隨者？我想，我們一定要有領導品牌的氣勢。

當時，MTV 台灣員工連我在內只有六個人，宛如新創公司。然而麻雀雖小，卻不影響它保有國際級企業的高度和視野。我在 MTV 做行銷學到最珍貴的一堂課，就是不要怕設定高標，才能打破現狀，超越自己。

## 八十分跟九十五分的差異

上班後，我的第一個案子是籌備 MTV 台灣開台的行銷活動。這是件大事，所以由紐約負責國際行銷的副總裁珍娜（Janet）親自指導。她是義大利裔的美國人，也是面試我進 MTV 的主管。珍娜身材嬌小，和我一樣，留著短髮的小臉上總是擦著鮮亮的口紅，溫暖又幹練。

不管什麼時候，珍娜看起來永遠精力充沛，充滿正能量。她有一個特質，就是非常會讚美人，彷彿能看到你有的獨特能力，毫不吝嗇地誇讚你。

「You are amazing.」、「I love this.」、「Thank you so much.」她把這些讚美的話常常掛在口中，並且會看著你說。這是許多華人主管不習慣做的事，好像說這些太虛假了，因此辦公室裡的溝通往往沒什麼溫度。珍娜的正面激勵法，能讓人抬起頭，變得士氣高昂，忍不住要加把勁，把事做到更好。

為了彰顯 MTV 在音樂圈的份量和影響力，開台派對是第一炮。她說，我們一定要讓來的人都驚呼「WOW!」這是 MTV 的標準。這個觀念從此深深影響我，不做則已，一做就要令人印象深刻。而且，做為主管，你看到多遠，就決定接下來你的團隊能走到多遠。

我們開出夢幻名單，包括美國的邦喬飛、日本的恰克與飛鳥、華語天王劉德華，全是當時東西方最紅的藝人與團體。請他們專程來台北為我們的開台演出，我以為不切實際，只是提提看。珍娜卻積極追著 MTV 的總部動員關係，三組藝人竟然都答應了，我們真的完成了「不可能的任務」。

管理者想帶動組織，必須有衝勁。珍娜用行動給了我們實踐的信心和學習的榜樣。當時台灣行銷只有我帶著一個女生，珍娜引領我從無中生有，要做出跟別人不一樣的事。首先，我就去找非傳統的創意夥伴。

我找上一家新的設計公司 JRV，三個合夥人具備跨越平面、室內設計和行銷的經驗。我想，我們這案子也許需要跨領域的創意。其中的建築設計師，正是如今當紅的大師陳瑞憲。

那時候，台北沒什麼有現場表演的場地，最夯、最新的餐廳，就是民生東路的 Hard Rock Cafe。搖滾流行音樂加上美式餐點，是西方流行文化的代表，常常要排隊才進得去。我認為，這是最適合又現成的場地，但珍娜竟然不滿意。她皺著眉說：「Hard Rock Cafe 太想當然爾了，我們要讓它看不出是 Hard Rock Cafe ！」

要讓 Hard Rock Cafe 的陳設不再是白金唱片獎牌、簽名吉他、木頭桌椅吧台，這是很大的考驗。要說服餐廳配合，也非常困難。在有限的預算下，我們做到了！陳瑞憲大膽嘗試，用鳥籠、燈光、羽毛和布料裝飾，在木頭地板上鋪滿圖案，將原來很陽剛、很硬的餐廳，翻轉成奇幻、時髦又有中國味的風格。

果然，那天的派對太成功了，唱片公司、藝人、名人、品牌、媒體，一走進來就被震懾住了，WOW 聲四起。再看到頂級藝人齊聚一堂表演，每個人都體驗到 MTV 的品牌力。第二天，媒體鋪天蓋地報導。

一件事情做到八十分跟九十五分的差異在哪裡？什麼叫做化不

可能為可能？我從珍娜身上，扎扎實實地經歷了一課。

## 對細節絕不放手的堅持

好的品牌行銷，不只需要展現在一兩件大事上，各種不同顧客、用戶的接觸點，都要有一致性的品牌體驗。珍娜對細節的要求，讓我再次看到，傑出的工作者不是只會天馬行空地提出偉大點子，更是對任何一點小事都不馬虎。

有一件事，我印象特別深刻。那是我們做第一個 MTV 台灣的品牌標誌，要用在頻道簡介的封面。為了慎重起見，珍娜下午親自去設計公司電腦上看圖。

設計師做了一個很酷、很現代感的設計，大家都很喜歡。原本以為一下子就可以搞定，但珍娜考慮到這標誌用在不同材質、背景、大小，都要有最佳效果，反覆調整顏色明暗，以及頻道簡介上的大小、位置。

我們都覺得夠好了，她還是耐心地指出：「現在的很不錯了，但還有一點不足。你們真的很棒，我們一定可以做到最好，Let's try it again!」等到終於有一個大家都滿意的設計出現，已經是晚上了。

你可以說她太龜毛，我卻從她身上看到，有好的想法還不夠，A+ 是展現在執行細節的堅持上。當珍娜一邊指導、一邊帶著鼓勵的眼神看著你，跟你一起做時，你不會覺得她「機車」、愛挑剔，而是被她期待，然後不自覺地提高自己的標準，最後看到高水準的結果。

過程中，我看到一種追求卓越的修練。而且領導者要求別人，不見得一定要板著臉，讓對方盡是感到挫折和壓力。你可以透過正面的激勵，讓部屬心甘情願地做事。珍娜是最好的例子，也激勵我後來當管理者時「有為者亦若是」。

從奧美到 MTV，這些點點滴滴的影響，讓我知道工作要出色，不僅要拉高標準、不滿於現狀，也要重視細節，執行到位。等輪到我掌舵，我就設定了要領先其他頻道的目標，並且要在年輕人中創造話題、帶來驚喜。我對團隊說，我們做行銷最大的樂趣，來自於做到別人做不到的事。

## 做別人做不到的事

試想，對於熱愛流行音樂的年輕人，什麼獎是錢都換不到的？當我們宣傳全球 MTV 的年度 MV 大獎時，提供給觀眾的抽獎獎項不是送機車、音響，而是坐飛機到紐約親自參加頒獎典禮。

能親眼看到當紅的歌手樂團走紅地毯，以及超級巨星麥可傑克遜、瑪丹娜等的現場表演，做夢都會笑。多年後，我遇見第一年得獎的觀眾，她仍然不忘那一次震撼的經驗。

還有一次，我們做成龍的電影宣傳，大獎就是去香港和成龍過一天。我陪著兩位年輕觀眾，跟成龍跑了一天行程，晚上成龍還親自請我們吃飯。這些都是金錢買不到的破格設計，也博得了影劇新聞的大版面。

不只是對觀眾的行銷宣傳要有新鮮的創意，對客戶端的行銷，我也要求充分凸顯 MTV 的個性。

當時，電視台跟廣告公司介紹新節目或是每月節目表，都是用黑白傳真，看完就丟掉。我跟我的行銷團隊說：「我們要做到，凡是 MTV 寄去的東西，對方不僅不會丟，還要釘在牆上，因為太酷太有創意了！」

於是，我們發展成全開的海報，介紹節目和活動，從文字到美術視覺，都仔細設計。每個月的通訊，都當做一張大型設計稿。沒多久，就聽業務說，我們的海報不只是排媒體預算的人要，廣告公司的創意部門也搶著看。沒準時寄去，還會有人來問。

我們認真做，別人會感受到。

為了要讓 MTV 更本地化，我們決定要做品牌廣告。我的預算很少，更需要在創意上突破。我大膽去找廣告教父孫大偉，告訴他，我沒多少錢，但是我有很大的創意空間，他答應了。

大偉的創意果然驚世駭俗，竟然用民間傳統的九九神功來凸顯「MTV 好屌」，令人拍案叫絕。儘管如此，把它做成五層樓高的西門町戶外廣告，還是需要一些膽量。一掛上去，我的電話就響了，警察局說有民眾檢舉用字不雅，媒體也打電話來問，我知道，這個創意「中」了。

果然，「好屌」及另一支「乩童」的形象廣告，拿了當年的廣告大獎，也成了孫大偉創意生涯中最具代表性的廣告作品，更奠定 MTV 在年輕人心中大膽自由的品牌形象。

因為我們樹立了各種出其不意、讓人「WOW!」的高標，吸引了愈來愈多公司、品牌，來和我們一起合作，把最有創意、最酷的機會留給 MTV。MTV 品牌成為年輕人的代表，就連陳水扁選總統，都找 MTV 合作，舉辦第一次凱達格蘭大道的封街演唱會派對。那晚，在全場年輕人嗨翻的音樂中，看著旁邊我的母校北一女，心情感到異常激動。

我的表現被肯定，兩年後，我調到亞洲總部所在的新加坡，負責東南亞區的行銷。

我很感謝在我二、三十歲時，從奧美到MTV，在好公司、好主管的帶領下，提升了我的眼光，鼓勵我不停留在「不錯」，而樂意追求「更好」、「最好」。從此，我一直勇於挑戰沒做過的事，激勵身邊的人，一起挺進。

# 6　經理人的第一課：抓緊數字與業務

有一天，我的大老闆、MTV 亞洲區總裁，把我叫進他辦公室，問我：「Rose，台灣總經理現在出缺了，你願意去做嗎？」雖然我完全沒有心裡準備，但我毫不猶豫說：「Yes，我願意。」

那年我三十二歲，突然成為 MTV 台灣總經理。

總經理和一般主管最大的不同，是看事情的格局。過去只要負責一個部門，現在要扛的是公司整體的營收與獲利，以及跨部門的管理。各種功能環環相扣下，決策的複雜度跟困難度都大為提高。我要負責台灣公司的盈虧，節目、製作、業務、系統台、行銷、人事，全報告給我。我過去只做行銷，一下子，突然什麼都要管，究竟，我要把力氣花在哪裡才對？

做為一個新手總經理，我知道，很多人都張大眼睛觀察我的表現，看我究竟適不適任。我需要儘快展現出一些成績，贏得他們的信心。也許你也開始接下一個更大責任的工作，或是有企圖心想以高階經理人為目標。希望我第一次做總經理的經驗，能夠帶給你一些幫助。

## 不管數學好不好，都該把數字當好友

我去請教一位做總經理的朋友。他說，記住，總經理就是要會幫公司賺錢。所以，我為自己設定的第一步是，先弄清楚公司怎麼賺錢、什麼會影響營收。為此，我請財務長先教我看懂財報。

從小，我一直很怕數學，除了數學成績差，我也一直以為自己是感性右腦強過理性左腦的人。直到我在研究所接觸到會計，看到每一條分錄、每一個數字，背後都有營運跟管理上的意義，而財務報表正是對一個公司精簡優雅的整體表達。我才了解，數字跟數學不一樣，弄不懂三角函數，並不影響我理解財務。

這可能也是很多文科生的盲點。不管你數學好不好，都應該把數字變成你的好朋友。不論是財務報表還是績效指標，管理必須有數據為憑，看出數字背後的意義，這是管理必學的功課。從財務報表中，我看到幾點：

第一，MTV 的主要營收是廣告和贊助，但收入一直沒有太大起色。影響廣告收入的，最直接就是收視率。但由於 MTV 是小眾媒體，系統台的滲透率低，自然影響收視戶和收視率，連帶左右廣告收入。換言之，我要快速增加 MTV 的收視戶，勢必得拉高提升頻道上架率。頻道上架不到七成以上，沒有經濟規模，廣告主是不會來的。

第二，節目製作費和人事費用是最大的成本。節目型態和收視率息息相關，但高收視的節目，製作成本也高。MTV 的分眾性質，讓它的收視率很難跟綜合台競爭。我必須想，有限的資源該投資在哪裡。要吸引廣告主，把錢花在做一兩個收視率高的節目，還是換一種方法，把資源投入在塑造 MTV「潮」、「酷」、「年輕」的指標性品牌。哪個更有效？我決定後者。

這兩點一旦釐清，工作的優先順序就漸漸清楚了。MTV 台灣當時還在虧損，首要之務是增加營收。不過，擺在眼前的是，我有一個大盲點：我過去不但沒做過業務，更沒帶過業務，不懂業務的流程、眉角。

我們亞洲總裁是個英國人，過去是業務出身的。他每個星期都親自跟我們做業績檢討，我就拿著業務主管給我的報表報告。一天下午，他突然打電話給我，問我上個星期說要進來的客戶簽回了多少、本週的 pipeline 多少、這一季的業績我有多少把握等等，一連串問題丟過來，我發現自己根本無法立即回答。

他對我說：「Rose，你今天坐在這個位置，這些數字都要隨時在你指尖上，一清二楚。」

這段對話，至今我想起來依舊歷歷在目。對我來說，就像一個學生突然被老師抽考，瞠目結舌之際，才知道自己對業務一知半解，囫圇吞棗。於是，我知道一定要把業務搞懂，了解業務的痛點，以及如何打動客戶。做生意，這是必修課。

## 創造差異化，全員動起來

為什麼客戶不買單？業務最常抱怨的是，節目收視率低，客戶說沒必要上。客戶當然有高收視率的選擇，但這樣的思考邏輯無助於改變現況。

我發現，我得打破這個迷思。也就是說，第一個我要銷售的對象是自己的同仁。比起整天糾結在收視率的劣勢，我們一定要找出 MTV 的競爭利基，讓業務能理直氣壯地推薦給客戶。

我們看到的機會點是，品牌都想年輕化。上 MTV 不只可以接觸到年輕客群，也可以透過 MTV 的創意和活動，提升品牌與年輕人的關聯度，擺脫只看收視率的偏見。但賣贊助和專案比純賣廣告複雜，需要節目與行銷公關部門的合作。這時，總經理出面整合最有效。

於是，我們開始定期做年輕人的行為研究調查，並和重要客戶分享。延伸全球 MTV 大獎的贊助活動，開發台灣流行音樂年度大型演唱會。

每個贊助案都結合現場活動與公關，「MTV 流行音樂榜推薦」成了唱片公司推新片必爭取的合作；MTV 的台灣自創 IP「妹妹」也上了飲料產品包裝；馬英九選市長，也不忘找 MTV 拉近年輕族群。

業務同仁有了大家的支持，就更有底氣向客戶提高預算，跨部門合作起來也更帶勁。更多有創意的想法紛紛出籠，大家一起動起來。當然，我自己也親自跑客戶，參加業務訓練，在第一線傾聽客戶的需求。

## 在客戶的埋怨裡尋找契機

首先我學到的是，客戶絕對不是去拜訪一次就會買單。

好的業務，一定先把客戶的需求和質疑搞清楚，誰支持我們、誰是拍板做決定的人，這往往需要來回好幾趟。因此，事前做足功課，和客戶維持良好關係和互動，至為重要。

我有幾次跟隨 MTV 國外資深的業務拜訪客戶，學習很多。他們跟客戶坐下來，先聊對方有興趣的事，拉近關係，再問到客戶的產品、行銷計畫，跟誰在合作，中間自然地分享 MTV 的近況和專案，試探客戶的興趣，也澄清客戶不正確的訊息。

在了解客戶的需要和對 MTV 的看法之後，最後再清晰提問：「我如果針對你剛才提到想要達到的目的，給你一個提案，你願意撥時間聽嗎？」

客戶往往不會拒絕聽一個能滿足他需要的提案。一小時的時間中，雙方有充分的交流，而不是乙方一直在「賣」東西給甲方。反之，沒經驗的業務經常進入的誤區，是一和客戶開會就準備要說服對方；一打開 PPT，就一直說自己的產品多棒多棒，一心只想把預備好的簡報講完。結果一個小時的會議，自己就講了四十分鐘，反而沒有好好聆聽客戶的反饋、了解客戶的想法。

儘管業務時常會碰釘子，但是客戶質疑、抱怨不代表沒興趣，一次拒絕不代表以後沒機會。這是另一個心得。

我看到的優秀業務，總是能在客戶的埋怨裡找到契機，再接再厲。一上場第一次揮棒就是全壘打的機率本來就很小，但每一次拜訪都是在壘包上前進一壘。

我也對業務「如何面對拒絕」的訓練印象特別深刻。關鍵是，好好聽，了解對方真正的理由。他的「No!」不是拒絕你，而是需要沒被滿足。問題在於如何回應客戶的需要，幫助他看到更多可能的解決方案。畢竟，他若是沒有一點興趣，根本不會見你。

做為業務，一定要能正面看待拒絕，才能鍛鍊強大的心理素質，這是很寶貴的磨練。

## 自己不會做的，就找對的人來做

我一方面熟悉業務的各種眉角，同時開始處理頻道上架率太低的問題。

有線電視系統台的生態非常在地，上百家境內和境外頻道爭相上架、定頻，當時很多老闆過去是經營非法第四台的，他們連MTV是什麼碗糕都搞不清。Channel V比MTV先進入市場，又有星空衛視家族頻道撐腰，多數系統業者都覺得音樂台有一家就夠了。MTV孤軍奮鬥，連要擠進頻道表都非常困難，更別說擠進前七十台。要培養觀眾收視習慣，更是難上加難。

我連台語都不會說，真的沒辦法靠我去跟有線電視的老闆喝茶、博感情。不過，我還是要想辦法解決問題，自己做不來的，就要找對人來做。我沒有後退的選擇。

很幸運地，我們找來一位女經理，比我還年輕，非常熟悉有線電視的生態，做事認真。我決定重用她，放手讓她去做。

她果然使命必達，打進頻道業關鍵人士的圈子，MTV 才上得了談判桌。她還替我找到一位很有影響力的「大哥」做顧問，他出手打一通電話，原來推不動的系統業者，也願意說再考慮。一年多後，MTV 的上架率竟高達九成。

這是坐穩主管的另一項本領：你不必樣樣都會，找對人，問題就解決了一大半。

## 儘早培養一顆「總經理的腦袋」

回頭去看這條新手總經理之路，我有幾點心得。

首先，不管你是不是總經理，愈早養成會看財務報表的習慣愈好。懂得看財報後，你的思維才會逐步向總經理靠近，也就是所謂的「拉高視野」。再加上組織圖，你會更了解整個公司如何運作、你的部門的貢獻，以及部門間如何相互影響，幫助你脫離本位主義的狹隘思維。

愈早培養一顆「總經理的腦袋」，對你現在的工作會愈有幫助。

再來，了解客戶的需要，不光是業務部門的事，也是做產品的、營運的、行銷都該知道的，老闆更不能不清楚。唯有能解決客戶痛點的想法，才是有價值的。

剛做主管時，比較沒有安全感，凡事都想親力親為，需要有意識地抵擋微觀管理的習慣。雖然掌握重要細節是做好決策的必要，但千萬不要習慣依賴自己，而沒花精力培養團隊，授權他們一起承擔責任。這是做主管的修練。

我常想，當年若不是亞洲總裁大膽地給我這才三十二歲的年輕人獨當一面做總經理的機會，我的職涯可能完全不一樣。

兩年半中，我帶領著一個成員幾乎都是二、三十歲的團隊，將 MTV 拚到在十五到二十四歲的核心觀眾群收視率排名第五（根據 1998 年消費者文教基金會所做的調查），超越 Channel V，並且轉虧為盈。

如今，世代交替是每個企業都很重視的議題。上一代的要相信，今天的年輕人比過去的我們見識更廣、更擅長學習，他們需要的是機會和信任。放手讓年輕人用新思維、新方法做事，相信他們所做的一定會超乎期待。

# 7　在未知中看到的不是風險，而是機會

這是個瞬息萬變的世界。所謂的「熱門產業」，走下神壇的速度遠比想像中更快。競爭對手總是來自出其不意的領域，隨時隨地都在顛覆既有的遊戲規則。

面對模糊與未知，你是否曾經焦慮過：自己是不是站在對的地方？會不會留在舒適圈而錯失機會？應不應該努力去投入眼前的風口產業？或者，該去大企業還是新創公司？如果這些都是你心中的問號，那麼當初我抱著「初生之犢不畏虎」的心態加入網路業，直到退休，都沒有再離開過的心路歷程，或許值得參考。

我是個天性樂觀的人。在蓋洛普的天賦優勢測試（Gallup StrengthsFinder）中，我其中一個強項就是積極（positivity）。在風險與機會當中，我總是看到機會，而且比起旁觀，我更想親自參與。

1995 年，楊致遠在美國創辦雅虎，2000 年市值已經超過千億美元。第一波的網路浪潮席捲各行各業，即使那時是用撥接上網，沒有寬頻，網路速度非常慢，可是很多人對網路的未來已經充滿顛覆性的想像。購物、娛樂、遠距醫療，甚至元宇宙虛擬世界的概念，在那時候就已啟蒙。

第一波投身網路的是技術的先行者，接著當資本市場開始看好時，許多傳統行業的優秀人才，也紛紛轉換到這截然不同的跑道，加入新創事業。

## 踏入充滿想像的網路新世界

我在 MTV 當了兩年多的總經理，將公司轉虧為盈，正是開始順手的時候。有一天，獵人頭公司來找我，知道是美國雅虎找台灣總經理後，我決定去聊一聊。

MTV 是紐約的娛樂媒體公司，雅虎是加州矽谷的網路公司，一東一西，兩者的企業文化完全不同。第一次面試，我就發現差別很大。面試我的，是雅虎大中華區的主管，IT 產業背景的他比較嚴肅，我們沒太大交集，我想，這工作可能不適合我吧。

好在，他沒有放棄我，又再約我見面。這次，他笑容多了，引導我去想像雅虎及網路將來可以做什麼，我開始心動。

有線電視改變了電視幾十年來的生態，我加入時，正逢產業的成長期。網路更是一個全新的科技，將會帶來更全面、跳躍性的轉變，讓人覺得不可思議。雖然我對科技一竅不通，但一個成立才五年，卻改變全世界找尋資訊、相互溝通方式的雅虎，對我這個喜歡想像、不喜歡規則的人，產生莫名的吸引力。

最後一關是去雅虎在矽谷的總部，跟創辦人楊致遠面談。那時楊致遠才三十一歲，眼鏡後面，還帶有一點工程師的靦腆。他對我做媒體的背景好奇，問我：雅虎應該是媒體公司還是技術公司？我說，當雅虎每天有大量的人來使用，有眼球聚集的地方就有媒體的影響力，但雅虎的核心應該是科技創新，兩者並不衝突。這個觀點是我後來一直堅信的。

我問他對台灣的期待，他說他在台灣出生，希望雅虎在台灣能成為第一，他願意投資台灣。這一點打動了我，要成功，老闆的企圖心和支持很重要。

走出來後，一個全新的願景，讓我有了新的期待，像是冬天北加州灣區迎面吹來讓人甦醒的涼風。

我問自己，在 MTV 辛苦了五年，好不容易順手了，也很喜歡自己的團隊，現在去一個什麼都不懂的行業，一切重新再來，聰明嗎？但是，我想加入一個有企圖心的公司，親自參與這充滿想像力的網路新世界，忍不住內心的騷動。

何況，我年紀輕、單身，就算雅虎的薪資比 MTV 低，但未來有更多股票選擇權，在沒有任何包袱時，為什麼不去試試？兩個月後，我加入雅虎，踏進全新的領域。

## 沒有前例可循，透過脈絡與創意找答案

我第一天去公司報到時，有點吃驚。小小的辦公室在一個舊大樓裡，灰灰的水泥牆內只有十幾個人，很安靜。我像是一隻彩色的鸚鵡走進去。我感覺得出，這群同事都很優秀，他們也很好奇我是個什麼樣的人，能帶來什麼改變。

和我以前在 MTV 做新手總經理不同，那次是內升，我對產業和公司組織已有相當的了解。這次，真的感覺是跨進一個全新的領域。

一上班，幾乎沒有預備期，立刻要以總經理的角色出門開會。我從來不是理工女，對電腦軟硬體基本上是個小白。我還記得剛

上班前幾個星期，坐在會議中，只能不斷把聽到的英文縮寫記下來，什麼是伺服器、什麼是 ICP、ISP、HTML……聽得我一頭霧水。

這中間也發生一些笑話。自從知道我當上雅虎台灣總經理後，我們家對面的鄰居，一天竟然抱著電腦來按門鈴，說：「鄒媽媽，聽說你女兒去做雅虎總經理了，我們家電腦突然壞了，她能幫忙修理一下嗎？」

我知道，別人對我的期望不一樣了。但我沒想把自己裝成專家，也毫不介意讓下面同事知道我不懂。有不懂的，開口問就是了。很快地，我就能掌握工作核心所需要的知識，也可以把產品、技術、業務、行銷的重點串起來。

進入新產業，有個很重要的能力，就是問問題，從宏觀一直到垂直深入的問題，這非常有助於快速學習。例如雅虎做的是門什麼生意？什麼驅動入口網站的成長？怎麼賺錢？不同產品的功能是什麼？跟誰競爭？我們有什麼優劣勢？用什麼衡量成效？我們有對的人在關鍵位置嗎？資源分配的優先順序？

常常如此檢驗，不僅幫我有系統地學習，也讓我在許多沒有標準答案的問題中，有脈絡地去找答案，跟著同事一起解決問題。

## 網路業適合有創業精神的人

記得我第一年去參加雅虎的全球大會，看到美國、英國、韓國等地的廣告市場規模，以及雅虎當地的營收都好大，我們在台灣還很小很小。我忍不住想，怎樣才能有突破性的成長？

以用戶數而言，雅虎是台灣第二、三名的入口網站，和第一名的奇摩站有一段距離。奇摩不斷招兵買馬，預備上市。要突破，恐怕不能只靠將美國的服務中文化。

2000 年，太多網路公司因為沒有獲利路徑，泡沫化的風暴開始席捲全球。然而，這也開啟了一個絕佳的併購時機。於是在台灣，我們開始悄悄進行一個關鍵的併購談判，除了改寫雅虎在台灣的歷史，甚至影響台灣網路產業接下來十年的生態。

同時，不少非科技背景的高階經理人在投身網路產業後，因為水土不服，加上網路泡沫衝擊，沒多久就陣亡了。

後來我聽說，本來許多媒體記者也很不看好我，認為我只是跟風進了網路業，甚至預測我撐不過六個月。

因為我踩進了未知的網路，完全改變了我的職涯路徑。在往後二十年，經歷了網路產業的成長、迭代，給了我豐盛的收穫。

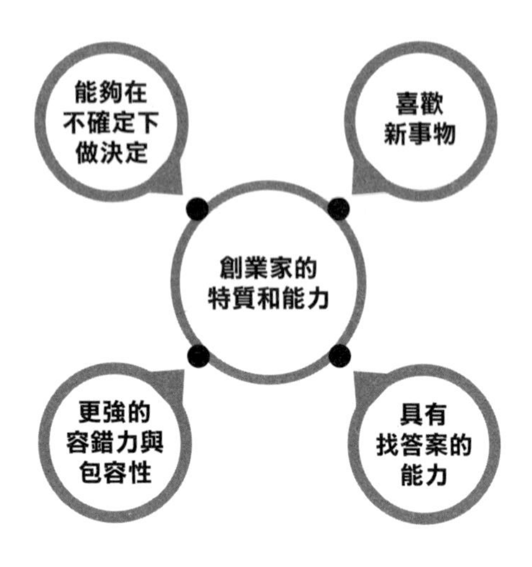


回顧這段歷程，我不會說加入一個未知產業是容易的。當一切都沒有秩序，也沒有被驗證過的成功路徑時，要能順利站穩腳步，確實需要一些創業家的特質和能力。包括：

- 喜歡新事物，抱持開放的態度，快速學習。
- 具有找答案的能力，而且面對的往往是沒有標準答案的問題。
- 能夠在不確定下做決定，並且激發身邊的人信心。
- 更強的容錯力與包容性，就算失敗，也是快速跌倒、快速爬起來。

至於懂不懂技術、是不是科班出身的理工男，這些刻板印象的條件，反而是其次。

想想，當今天各行各業都面臨高度不確定的未來，亟需轉型，在變動之中找機會，在不確定中做決策，小步快跑修正，以韌性解決問題。有過新產業經驗的人才，不正是許多企業打著燈籠找尋的？

我很高興，我跌破了大家的眼鏡，並且用我自己的故事證明了：只要勇敢去試，風險不如你想像得高，但機會一定比你預期得大。

## 所有的新局面都來自放膽一試

在我們的職涯中，不論是自己想動或是別人來找，你一定有過換跑道的想法，我建議你可以從這幾點考量：

第一，這工作是在產業或是企業生命週期的哪個階段，不同階段會有不同的重點，看看是不是適合你。以人才側重的角度而言，在產品導入期時，第一重點是把產品做對，找出產品市場媒合度。這時，產品研發是火車頭。

進入規模化的成長期後，是產品快速商業化、拓展的時期，業務、行銷和商業開發愈來愈重要。當銷售有了起色，公司才開始注重管理績效，也才有資源投資在專業的人資、財會、行政系統。等到進入成熟期，最重要的是管理效能的提升，找尋新的成長曲線。此時營運、財務及策略的角色更為吃重。你是不是企業最需要的人才，會跟企業現在正處在什麼階段有關。

第二，應該選擇新創公司還是有規模的企業，這兩者文化有很大的差別。

如果你喜歡新事物、享受快節奏的工作，並且可以容忍較多不確定，那你適合在一個新創期的公司。在這樣的環境裡，你可以有更大的職責，深入參與公司的成長，但是公司的管理可能不夠成熟，缺乏完整的系統組織，並且常常變動。你要先有這層理解，才不會感覺「公司很亂」而放棄。

成熟的企業則正好相反，制度較完善，分工清楚，可以向有經驗的人學習，但往往速度較慢，或是不容易脫離既定的思維和文化，去擁抱新事物。適合喜歡穩定、按部就班成長的人。

我喜歡新的、快速成長的產業，所以我選擇加入重視創新的外商公司，既可以學習，也更有空間創新。

第三，要問自己為什麼要動。如果不是下一個機會太吸引人，而是對現在的工作不滿意，建議你試著盤點看看，是公司的發展或文化有問題？是個人成長升遷被限制了？還是和主管的溝通不佳？總之，不要在負面情緒下做決定，失去一次和自己內心對話的機會。

如果問題屬於第一項，這是你不容易改變的，真有更好的機會，建議你考慮換跑道。

但若是喜歡這產業，公司也不錯，而是個人遇到瓶頸，我的建議是，不要輕易放棄，努力突破現狀，也可以主動探索公司內部其他的職務。個人職涯發展不應是被動的，不管在哪裡都可能遇見瓶頸，也都會碰到人的問題，如果不去面對、只期待環境改變，難保下次沒有別的問題出現。

最後，企業文化很重要。我曾幾次婉拒來找我的工作機會，即使是很大的企業，或是很高的職位，但是產業跟我個人的興趣不合，或者不是我喜歡的企業文化，我都不為所動。

管理大師彼得・杜拉克（Peter Drucker）曾說：「文化將策略當早餐吃了。」（Culture eats strategy for breakfast）意思是企業文化可以左右企業策略。如果你想要融入一個環境，並能有所發揮，企業文化和你的價值觀、性格是不是接近，就太重要了。因為最能影響我們每天工作的，不是策略方向，不是公司股價，而是文化。

如果你已經在自己喜歡的企業文化裡，有繼續學習與發揮的機會，那就不要看別人動，自己也跟著搖動。畢竟工作要有突破，需要全心投入。

假使這些都考慮完畢，心中還是躍躍欲試，那就勇敢踏上這段冒險旅程吧！然後盡情享受過程中的一切，不要被成敗、得失、比較心束縛。所有的新局面都是來自放膽一試、放手一搏。不做，又怎麼會知道結果？

# 8 管理都離不開做人

有很多管理書教導我們如何成為一個優秀的管理者，但我真心認為，不管用什麼樣的方法和技巧，管理都離不開做人。做人需要表裡如一，才能贏得信任與尊重，管理者也是。加入雅虎才一年，我就面臨一項空前的管理挑戰。然而，這一連串考驗也讓我練出了新的管理肌肉。

2001 年，雅虎以新台幣 46 億元併購奇摩，成為網路界的大事。這個併購經歷了驚心動魄的網路泡沫，對我來說，也是第一次參與企業併購和整合。

奇摩站的母公司是精誠資訊。1997 年開站以來，先以導覽服務起家，做分類、搜索、新聞等服務，後來又推出股市看盤、社群服務的家族、聊天室，以及郵箱，很像美國的雅虎。多元的服務，成功抓住網友需求。在 1999 年就超越以搜索引擎為主的蕃薯藤，成為台灣網友上網首站。

於是，這成為一樁買下直接競爭對手的交易。雅虎看中奇摩站優秀的管理團隊、產品開發的能力、領先的用戶數，以及增長的動能。這正可補足雅虎台灣因晚起步、倚賴美國產品開發、本地化速度慢，所遇到的困難。不過，兩邊服務高度重疊，接下來一加一能不能大於二，則是成敗的關鍵。

合併之後，奇摩總經理盧大為升做雅虎大中華區總經理，我被賦予台灣雅虎總經理的工作。接下這個任務時，我已經很清楚地知道，我們要進入更快速的增長階段。兩邊的團隊各有各的長處，要能加乘在一起，才能發揮綜效。

只是，這談何容易。合併前，雅虎和奇摩是競爭者，突然間要變成一家公司，從對手變同事，可想而知，兩邊員工的心裡都是七上八下，經歷極大的震盪。

這是管理的課題，也是人性的議題。我發現，我雖然不懂技術，但是我喜歡帶團隊，對人真誠，有同理心，這些特質成為整合過程中很重要的助力。

## 營造透明的遊戲規則

在變局中領航，自己要先有方向感。我對自己說，當下我最重要的工作，就是讓整個團隊安定下來，不分彼此，依序將人、品牌、服務整合起來，齊心對外。這不是喊一喊口號就了事，我必須知道大家心裡的感受，然後一步步化解同仁的疑慮。

奇摩的員工，從上層的管理階層到底層的同仁，之前的目標很清楚：要做台灣最大的網路公司，將來要上市。所以奇摩的同仁都非常拚，在總經理盧大為的帶領下，業績以三位數大幅成長，全都在為上市做準備。雖然在 2001 年，網路泡沫化的陰影籠罩，市場的大環境急轉直下。但聽到公司要賣給雅虎了，還是有很多奇摩人感到失望。除此之外，大家最擔心的莫過於：以後誰當家？會有什麼改變？我的工作是否會受到影響？

另一方面，即便是買家雅虎的同仁，也不見得全然好受，大家要面對「雅虎在台灣做的不如奇摩，美國雅虎才買下奇摩」的雜音。當時，奇摩的組織規模有兩百多人，遠遠大過台灣雅虎的二十幾人。雖然是買家員工，但他們一樣擔心：我以後會不會要跟奇摩的人報告？雅虎的福利、文化會不會變？

同時，我也看到兩個團隊不同的特質。一般而言，雅虎的同事個人學經歷優異，英文強，也較有主見；而奇摩的同事更年輕，很有衝勁，老闆給出要求，使命必達。

要快速降低兩邊的猜忌，我的第一步是透明地對大家溝通整合的遊戲規則。雙方的服務哪些留下、哪些合併，依據用戶喜好與成本來決定，判斷的基準是具體的數字與成績。至於部門主管，以經驗和能力最合適的人出線。

規則說起來很公平，但接下來，員工會用放大鏡檢查，我是不是真的不以私心安排人事，挑對的人出來。如何在新的組織裡將同仁放對位置，事關人才去留、軍心向背。

在那時，我對奇摩的同事雖然觀察認識還有限，但參酌奇摩主管的建議，經過審慎的討論，最後決定：產品、技術、業務以奇摩團隊為首，發揮他們的彈性和衝勁；行銷、財務和法務主管則來自雅虎，倚重外商的專業性。至於有工作態度問題造成整合障礙的同仁，只好讓他「下車」。出來的結果，絕大多數人都感到公平合理，我們開始贏得信任。

## 科技業少見的女主管群

很特別的是，整合後的經營團隊幾乎都是女主管。這在科技業並不多見，但也並非刻意安排。

兩年內整合完成，全部的主管留任，只有負責廣告業務的吳美君去了肯德基，在那裡創造了一段肯德基的品牌旋風。我籌設了四個事業部門：廣告媒體事業、電子商務、社群與搜尋，以及通訊服務，全是由三十多歲的女性領軍打仗。

我從台灣萊雅找來張憶芬主掌網路廣告，雖然帶著全新背景跨入網路，但我很欣賞她的自信和大將之風；公關行銷戰將洪小玲熟悉用戶並喜歡做新的事，由她主掌電商；年輕又有行銷創意的黃蕙雯，負責拓展搜尋與社群；嚮往新科技又阿莎力的秦承瑤則負責經營通訊服務；行銷公關請到很早踏入網路、打造出新浪網品牌的陳琚安帶領；法務許慶玲、財務陳錦媛也是一流的專業女主管。至於技術長這關鍵角色，則是唯一的男性，由精誠科技、奇摩到合併後一路率領工程師的林振德，支持著這群娘子軍衝鋒陷陣。

有別於男性的成就導向，女性更願意助攻團隊，把團體的需要放在個人之前。這樣的特質讓女性更擅長合作，大家不分彼此，挽起袖子一起來做事。

企管大師詹姆．柯林斯（Jim Colins）在《恆久卓越的修煉》這本書說，要攀登無人抵達過的高山、面對難以預料的風險，最佳避險之道，是確認綁在繩子另一端的夥伴是對的人。

整合完成後的團隊，就是這樣一個難得的組合：一群積極能幹、又不斤斤計較的女將，加上一位使命必達、包容力強的男性技術主管支持，建立起互信、合作的氛圍，讓大家放膽去嘗試新服務、新業務，打造出雅虎奇摩最創新、最有活力的時代。

而在變動的時候，「洗牌」之際會有新的機會出現，這就是人才被重用的時機。當時，雅虎中國苦無突破點，併購讓我們人才濟濟，可以拓展到更大的中國市場。

大中華區總經理由盧大為擔任，借重他優秀的產品創新經驗，發展中國的搜尋服務。前奇摩營運長、有豐富外商資訊業管理經驗的陳宏守，轉戰中國，擔任雅虎中國總經理的重責。雅虎的業務總監陳建豪，廣告業務經驗豐富，年輕又有衝勁，轉任中國業務副總。我前任的雅虎台灣總經理李建復，則負責新事業，在大中華區推展串流影音技術解決方案。這些安排讓優秀的資深人才各自發揮所長，也預備雅虎中國接下來的併購布局。

我以此鼓勵團隊：一個成長的企業，絕對不會有人才過剩的問題，就看大家有沒有跟上。機會，是給想要及不斷在預備的人。

決定好人事，打破了大家擔心的一面倒局面，我們成為一個混合著兩家公司人才的新組織。我跟大家說，我們不再只是雅虎，也不是過去的奇摩，我們要重新建立「雅虎奇摩」自己的文化：一個尊重個人想法、重視執行、不怕嘗試的團隊文化。這是我的價值觀，也真心想看到。

## 把大整合拆解成一個一個的小贏

併購整合就像跑馬拉松，讓每個人保持耐性和信心的最好辦法，是在中間設立補給站、啦啦隊，每當完成一階段的「小贏」（small wins）時，便加油慶祝，繼續往前。

人安排好之後，就可以進行事的整合。同樣地，我也為這條整合之路，設定了一個一個的階段性目標。

第一年，我們的目標是做會員帳號系統整合，並且減少用戶在轉換中的流失。這是非常重要的第一步，但也是最難預測的。在做併購計畫時，都會假設過程中失去一些用戶，因為沒有人喜歡更改帳號密碼，或更換電子郵箱。很可能習慣的服務改變了，就不用了。但沒人知道會掉多少用戶。

我們的計畫很完備，結果整合非常順利。雖有流失用戶，但整合後吸引了更多新用戶，最後不僅穩住 85% 網友到達率，還穩定成長，一年後就破 90%，比我們做的併購計畫還要好。

對重要且必要的事做好規劃後，不要害怕風險，要做就要快。營收則是用戶以外最重要的指標。當時普遍認為網路只有學生在用，早期的網路廣告市場技術有限，缺乏清楚的成效評估，大型品牌也多採觀望態度。

在開拓新市場時，不要怕嘗試，有效的就留下，失敗的就放掉，不做不知道。

我們的業務同仁多半很年輕，沒有包袱，衝勁十足，常有新想法。當首頁流量可以接觸到八成網路族群時，他們就用「開店首重地點」的邏輯，在首頁開發出全年贊助的廣告版位，吸引很多重視網路流量的客戶嘗試。像是易遊網、雄獅旅遊、104、1111人力銀行、永慶房屋等，都是很早就深入合作的客戶。他們又設計出破窗創意形式的大幅廣告，讓品牌也為之心動，帶動業績大幅增長。年輕的團隊，士氣如虹。

另外，服務不能原地踏步，要讓團隊不斷創新、做好玩的事，持續有動能。比起單純的外商公司，那時雅虎奇摩更像是一個有國外資金挹注的新創公司，可以放手去做新的東西。拍賣、交友、知識＋，都是陸續開發的新服務。

只要每個人每天都專注在做有趣、有意義的事，並且看得到成果，不安的情緒就會漸漸消失，負面的耳語就變少了，轉而被鬥志激勵。當團隊看到我們的熱搜成為民意指標、拍賣改變了許多個人賣家和小店的生活、交友幫助陌生的網友找到一生真愛時，那更是錢都買不到的成就感。

併購成不成功，完全要看之後的整合，很多公司買進來之後，人才留不住，成了空殼子。雅虎奇摩的整合，留才率極高，並且在兩年內就全面整合完成，可以說是非常成功。

## 從併購整合中學到的幾件事

如果要萃取我從這段整合過程中學到的幾件事，可以得出下面幾點：

第一，做為領導者，心要寬。要先把人心安定下來。公司賦予的是高成長的財務目標，但首要之務不是追錢，而是先穩定人心，讓人有安全感、方向感。在這個階段，每個人關心的是他自己會受到什麼影響：我的工作有改變嗎？我要跟誰報告？我的待遇會有什麼變化？我以前可以這樣，現在還能嗎？甚至，這是一個外商公司，我要不要會說英文？

再完整的計畫，也不可能對每個問題都有答案。更重要的，是建立一個服人的處事原則，並且表裡如一地照著原則做決定。員工關心的，是有沒有透明、即時的溝通。領導者的真誠，在整合團隊之際，是建立信任、穩定人心的關鍵。

第二，人放對了、組織定好，接著就是有清楚目標，讓大家把力氣放在做事，創造成功經驗。每個服務有了清楚的整合時程，大家迅速動起來，不拖拖拉拉，才能及早脫離整合的階段，做創新的事。

空轉和等待容易讓人焦慮。反之，當團隊專注在執行，不斷看到進展，這種成就感才會激勵大家繼續往前。

第三，建立重視人、開放平等的文化。我喜歡西方管理文化裡對個人的尊重，以及認真工作中卻不忘找樂子的態度。領導者的言行，最能直接影響這隱形的文化。

我的平易近人，以及不把自已當專家的作風，讓我自然地用平等、開放的態度跟同事相處。其實我發現，領導者要想有人追隨，不必高高在上。我也很快就把「work hard, play hard」的文化帶進來，對於年輕員工尤其有吸引力。

整合後第二年的夏天，我想試試在游泳池邊辦派對，那天同事們不分雅虎的、奇摩的，一起搞笑表演得很嗨。透過玩，拉近了人的距離。從此之後，我們每年都辦夏日派對，並且愈辦愈大，後來變成了員工「家庭日」，早上可以帶著小孩一起上班，我們預備了適合不同年齡孩子的活動，也趁機分享雅虎在做些什麼，下午再一起去海邊玩。公司和同仁都很認真投入辦尾牙、運動會、派對，這些都成了大家最珍貴的回憶。

這次併購，讓我對轉變中的領導有了更深的體悟，也使我有信心。幾年後，我再度主導併購了興奇科技和無名小站，做出破格的決策。讓雅虎台灣透過併購，奠定了有別於歐美、在台灣獨特的發展路徑。

# 9　幫助別人成功，也能成就自己

不論公司多大多小，都需要靠和別人合作。很多人認為在商場上行走，難免斤斤計較、爾虞我詐，別人得利一分，自己就吃虧一分。於是，和別人打交道時，常存著戒心，處處小心算計，深怕不小心吃了暗虧。

這也就是為什麼一個看起來雙贏的機會，做起來常常卻是雷聲大雨點小，或者輕易破局。最大的障礙，就是本位主義。在職場，很多人認為自己的功勞是犧牲對方、替我方爭取最大利益。我的想法正好相反：若是要合作成功，只有真心幫助對方成功，「我們」才會成功。

在雅虎奇摩快速成長期間，我完成兩項重大任務：併購做電商的興奇科技與相簿部落格的無名小站，使得雅虎能從拍賣順利進入 B2C 電商，在社群經營上也有大幅度的突破。

能夠吸引優秀的創業家帶槍投靠，關鍵絕不只是價錢，而是我始終堅信不移的哲學：幫助別人，反而能成就自己，拉人一把，共好共榮。

## 一場請益埋下的種子

時間回溯到雅虎決定做拍賣之初。當時我們想做拍賣，但沒有經驗。拍賣是個複雜的市集平台，要媒合陌生的買賣雙方做交易。雅虎奇摩的拍賣用戶很少，我需要知道怎麼驅動這個兩端分別是買方跟賣方的蹺蹺板，讓它自己動起來。所以，我做的第一件事，就是去請教懂的人。誰最懂呢？我腦袋立刻想到剛把力傳科技賣給 eBay 的總經理何英圻，他是當時台灣極少數做過 B2C 電商和 C2C 拍賣的人。

我帶著當時負責電商的主管洪小玲去請益，他起初有點意外，我很誠實地告訴他我們不懂，請他做顧問，教我們做拍賣。

這是我跟何英圻相識的開始。他是一位深思熟慮的人，為電商不同服務的類型理出了清楚的脈絡，並且能用簡單的方法回答我的問題。例如，一開始，到底產品開發和行銷要先放在買家，還是賣家？何英圻的建議是，應該放在買家身上。因為只要有顧客，就算功能不完全，賣家還是會願意來。

照著他的建議，我們果然讓拍賣很快地動起來。而當拍賣吸引愈來愈多人上網買東西，同時也就有人希望網購更有保障、付款送貨更方便，這就促動了 B2C 線上零售的模式。

2003 年，雅虎已有開店平台，服務做線上銷售的商家。這時何英圻和前力傳的核心團隊成立興奇科技，使用雅虎的商店平台，上線才三個月，業績突破 500 萬。他們很快看到在雅虎這大流量入口做購物的潛力。一年後，何英圻和財務長龔文賓來找我，希望能獨家和雅虎合作經營 B2C 電商。

## 獨排眾議，要做就是要挺下去

那年，我們正準備推出幾個重要新服務，包括拍賣的收費機制、知識＋，內部資源嚴重不足，但看到了 B2C 電商未來勢必崛起。既然我們沒人力，也沒有零售服務的 know-how，那麼和外部企業合作似乎是個可行方向。

當時，許多公司都想找雅虎合作，有的甚至是廣告大客戶。但比起財力，我更看重的是人。我認為，找長期合作夥伴就像找配偶，能力條件之外，更重要的是能彼此信任。

何英圻懂電商，是一個有頭腦、有企圖心，但不浮誇的人，值得信賴。他來找我時，是把計畫攤出來開誠布公地談。他們對B2C電商有很大的企圖心，而雅虎將是完成整個大戰略關鍵的一塊拼圖。於是我決定放手一搏，讓一家小公司興奇科技來經營雅虎奇摩購物。

這項合作經營需要雙方相當大的投入。雅虎出品牌和大量的會員流量，對方負責一切營運與成本，並且要對結果做出承諾。興奇快速增資擴編，先以3C產品搶攻市場，接著以女性商品為訴求進入高毛利市場。

興奇的業績快速成長，但市場變化不斷，總是有許多狀況，常常來找我救火。公司內部出現不同的聲音：為什麼他們三天兩頭跑來要資源，一下子又說利潤不夠？為什麼我們要幫他們那麼多？為什麼不找更大的公司做？這些雜音不斷在內部形成資源的拉扯和衝突。

合作新事業時，一定會遇到意想不到的狀況，這是夥伴關係面對挑戰之際。究竟是要多一些彈性、多付出一些，還是堅守原先條件？強勢的一方，往往不願意讓步，專業經理人也往往擔心被說是偏袒外人，就給對方更嚴苛的條件，以示盡職。

但我的選擇不一樣，我關心的是，我們該怎麼做才能實現共同目標。不看誰大誰小，而是以夥伴的心態去面對。於是，我常常做的事就是獨排眾議，不斷和內部團隊溝通：我們就是要挺他們，挺下去，才看得到成果。

決定破格的成敗，有一項無形的關鍵是，你必須放棄本位主義、放棄斤斤計較，把眼光放在最終要達成的目標。過程中，如果一直計較你多拿一分、我少拿一點，缺乏足夠的度量，終究會半途而廢、不歡而散。一旦相信，就要給人家機會成功，而不是只信一半。最無意義的事就是，還沒成功前就把精力花在分那塊餅上，計較怎樣才算「公平」。不如盡全力合作把餅做大，與其拿十塊錢的九成，何不拿一百塊的四成。如果雙方都能這樣想，合作就更有機會成功。

果然，到了 2008 年，興奇科技從幾十人的團隊增長到五百人的規模，營收是合作初期時的十多倍，達到將近 80 億，幾乎跟 PChome 差不多了。興奇的成功，也就是雅虎購物中心的成功，光靠雅虎自己是絕對做不到的。

有了這幾年合作建立的互信，當興奇要增資，我決定提出併購。雖然雅虎總部對台灣要併購一個有五、六百人的電商公司，有很多顧慮，但一年後，我終於說服總公司同意併購興奇。雅虎台灣因此有了電商拍賣、購物雙引擎。事後來看，這是一個不容易、卻相當關鍵的決定，台灣因此成為雅虎有著獨一無二商業模式的市場。

至於併購無名小站，也有異曲同工之處。雖然併購是最後的形式，但無論是各種面向與結果，實質上都是雙贏的組合。

## 與其當競爭對手，不如去了解對方

2004 年，台灣不少人開始用部落格分享文字和照片，尤其是學生族群，無名小站和痞客邦都是那時從交通大學校園裡發展出來的服務。無獨有偶，在地球另一端的美國，臉書也在哈佛大學校園裡誕生。

雅虎奇摩部落格則在 2005 年推出，雖然用戶人數只比無名小站少一些，但每個用戶平均使用時間，無名小站卻是我們的五倍，因此我對無名小站很感興趣。透過友人介紹，我約了創辦人簡志宇和林弘全（小光）見面聊聊。

他們一開始還帶著一點防禦心，我請他們分享創業的歷程。產品基本上是設計給身邊的同學用，自然很貼近用戶的需求。當用戶不斷湧入，他們除了要快速增加功能，還要持續提升頻寬、容量，改變產品架構，同時內部需要組織化、商業化，從學生一下子變成創業家、企業經營者，雖然很興奮，但也有許多挑戰。

我和他們分享了我帶領團隊的經驗，也給他們面對廣告市場的建議。我們愈聊愈敞開心胸，心防也放下了。

我坐在那裡，看著這兩位優秀的年輕人，他們了解年輕世代，學習很快，但是管理與業務推展還很生澀。若要持續下去，需要很多資金和人才挹注。我看得出無名小站和雅虎，從服務、用戶、人才、經驗，都非常互補。會面的最後，我大膽提出「無名小站有沒有可能加入雅虎？」他們兩位當場愣住。我說明，無名的產品力加上雅虎的資源和變現能力，一定可以讓無名小站成功，同時，他們兩位年輕創業家也可以在國際公司擴展視野，培養管理能力，讓自己更強。

幾天以後，兩人竟然同意往這方向走。

我覺得，比起狹隘地把每個人都當成競爭對手，不如去了解別人，試著開闊地去想：「如果我們結合在一起會怎麼樣？」而且，不要以為別人會拒絕你，就不開口去問。不問，就永遠不會知道，你的想法別人是不是也有同感。再棒的合作機會，都需要一個發起人。

只是，我沒有料到，這次併購的複雜度超乎想像。因為他們是學生在校創業，有學校技轉跟兵役的問題，也有多個投資人要一一說服。那時我正在懷孕大肚子，一天到晚和律師來來回回，直到臨盆前、在去醫院的車上，還利用陣痛期間一陣一陣的空檔，把事情對同事交代完後，才進產房生孩子。結果，我到月子中心的第二天，簡志宇他們就出現了，總算敲定細節。

## 兩個新創團隊的成功融入

無名小站併購案前後搞了將近一年，像是我另一個懷胎生下的孩子。2007 年 3 月，無名小站正式加入雅虎奇摩。當時，這項合併還引發一段眾所矚目的插曲。

由於雅虎的用戶到達率高達 95%，這樁併購必須經過行政院公平交易委員會審核。儘管公平會已以有條件式的前提，同意這項併購案，但三位網路界的大咖卻出面公開反對。詹宏志先生還罕見地說出「雅虎併購無名後，會扼殺台灣出現更多類似無名網站的情況」的重話。

那個年代，台灣的網路新創不容易募資。我相信，新創公司加入成熟的企業，若是理念一致，得到的不只是錢、綜效，還有個人成長。我的目的不是扼殺新創，壟斷市場，而是看到雙贏的機會，過程再困難，我都沒放棄的併購卻被嚴厲批評，素來樂觀的我竟然忍不住淚灑記者會。所幸，事件終於順利落幕。

事隔十多年再回頭看，這兩樁併購給了雅虎台灣加速成長的動能，業績在幾年內翻倍，台灣成為雅虎的傳奇。後來，雅虎總公司面臨市場的巨大挑戰，頻頻更換執行長，縮減了對海外市場的投資，影響台灣電商長期的發展，甚至關閉無名小站，非常遺憾。可喜的是，這兩個新創團隊的人才，都從雅虎得到很好的養分，繼續走出漂亮的路。

何英圻擔任台灣雅虎電商事業群首位總經理。在他的操盤下，雅虎購物中心成交金額很快就破了 100 億元，直逼 PChome。

他在雅虎台灣待了五年，直到 2013 年才離開，開啟第三次創業。這次，他瞄準了大部分人都還沒注意到的新戰場：行動購物 App，成立 91APP，後來轉型成功，提供品牌網路開店與門市虛實融合的服務，如今是台灣市值第二高的公開發行的網路公司，僅次於 momo。

至於簡志宇，做完第一年的整合工程後，我們就讓他擔任全球的社群產品經理，來回台美兩地。後來雅虎決定把各國的產品開發聚集到總部，他就搬到矽谷。這段經歷對他的自信心跟眼界有很大的提升。兩年後，他打算申請念史丹福大學的企管碩士，我建議他請雅虎創辦人楊致遠寫推薦信。等到他畢業出來，正好楊致遠成立創投公司，簡志宇加入後，一直留在矽谷，他也成為台灣政府與新創產業經常諮詢的對象。

小光也在雅虎待了四年，帶著在大公司歷練過的本事，連續創業成立群眾募資網站 flying V、海神網路資源共享平台。至於另一位創業成員「老爹」，成為全球雅虎資深的軟體架構師，十多年來一直留在雅虎被重用。

從這兩件併購案，我深刻地感受到，真正的夥伴關係，就像一場兩人三腳的遊戲。唯有主事者真正相信共好共榮，創造義無反顧的環境，大家才能真正地腳步一致，向雙贏的目標前進。只要心存樂見別人成功的心態，不斤斤計較地幫助對方，最後一定會幫到自己。

# Rose 給我最珍貴的，是一個機會

—— 何英圻 91APP 董事長

Rose 最令人佩服的，是她看到機會後，就大膽做下關鍵的決定。2000 到 2010 年間，台灣最具指標性的網路公司就是雅虎台灣，而造就雅虎台灣的關鍵人物，就是 Rose。稱她為這個時代台灣網路業第一人，都不為過。

這巨大成功要追溯到 2003 年，她大膽在黃金版位中挖出四成流量，押注新創團隊，直接切入當時雅虎不擅長的 B2C 電商市場，這也是我們合作的緣起。

當時，這項合作可說是跌破大家的眼鏡，原因是興奇科技並不大。有些更大的公司可能會認為，如果雅虎要做 B2C 電商，為什麼不找他們？但從這件事就可以看出 Rose 特別的地方，她除了認為我值得信賴，更看到了一個我還沒看到的未來。

時至今日再回頭看，她當初選擇我，應該算是對的。

面對夥伴，Rose 有她具擔當的一面。2003 年我們簽約，2004 年服務上線。第一年，因為團隊還在發展中，至少有六個月時間，運作不是太順暢。我想她當時應該承受了相當大的壓力，但是她一句話都沒有和我講，更從來沒有問過我：「興奇科技到底行不行？」

不過，對一個厲害的領導人來說，她也不是盲目地相信，而是強勢地帶著夥伴一起進步。她從不拐彎抹角，會很清楚地告訴你她想要什麼，如果未達標準，對我們的要求也很嚴格，而我也非常正面看待這一點。我常常在跟雅虎開完會後，回頭就對團隊說：「這些要求，不管合不合理，我們都要達成。我們也要有更高的企圖心，這就是我們要追的目標。」

也許就是因為看到我們面對問題的態度，對於其他的細節，Rose 反而就不再過問。

在一個這麼大的跨國公司中，Rose 可以爭取做成她老闆都覺得行不通的事，在我們眼中簡直是超人。以電子商務來說，雅虎其他地方都做得不成功，但在台灣，2008 年能併購五百人的興奇科技，待過外商的人應該都知道這是不可能的任務，但 Rose 做到了。

這個併購案非常成功，隔年讓雅虎台灣成為第一家業績突破 100 億的 B2C 公司，也寫下雅虎台灣全球唯一「媒體廣告 X 電商」雙引擎的新商業模式。

我從 Rose 的外部合作夥伴，到雅虎併購興奇，成為她的部屬，擔任電商事業群首任總經理，中間完全沒有任何不適應，這要歸功於 Rose 開放、真誠的人格特質。我相信這就是她可以聚攏很多強將在一起的原因。

雅虎台灣每個星期五有跨事業群經營管理會議，與會人數將近二十人。十年後，這二十人有多位成為上市櫃公司總經理，或投入創業成為公司董事長。我現在回想那一桌的會議夥伴，含金量超高，可以說雅虎台灣好比是台灣網路業的黃埔軍校。

也因為如此，我常常說，Rose 是我人生中的貴人。她給我最珍貴的，是一個機會，讓我能站上台灣電子商務的頂端。這也是我最感謝她的地方。

第三部

# 從管理中萃取智慧

「你無須喜歡、崇拜或憎恨你的主管，
但你必須要學會管理他，好讓他變成你達成目標、
追求成就及獲致個人成功的資源。」──杜拉克

# 10 做好向上管理，創造雙贏

再資深的經理人，也永遠會面臨突如其來的挑戰。我的跨國管理經驗，是我為自己爭取來的新考題。

2007 年，我在雅虎台灣已經做了七年的總經理。期間我們不斷擴展，每月用戶占全台上網人口的 98%，在搜尋和展示類的網路廣告市占率都超過一半。雅虎奇摩拍賣有九成市占率，購物規模逼近 PChome。當全球各地雅虎都漸漸被 Google 超越，雅虎在台灣成為全球市場裡一顆特別閃亮的星星。

那一年，公司正好重組。在亞太區，雅虎中國併入阿里巴巴，在台灣、香港、韓國、印度，當地設有雅虎分公司。至於澳洲，則剛成立合資公司。我們大中華區的老闆剛離開，大家都很好奇接下來會怎麼安排。

有一天，我在開車上班的路上，突然接到創辦人楊致遠的電話，他徵詢我對總部某位美國同事的印象。我一聽就知道老闆有意安排他來做亞洲的頭，所以想聽聽我的想法。我覺得他不錯，但我有市場成功營運的經驗，這個機會就在亞洲，我覺得自己不應該被忽略。於是，我鼓足勇氣問：「Jerry，你有考慮過我嗎？」這個問題為我打開新的一扇門，此後，公司將東南亞、印度、拉美等新興市場交給那位同事，但把北亞及澳洲交給我，我就這樣贏得了第一個跨出台灣的工作。

## 不要小看自己

回想起來，很多人像我一樣，花了最多精力做好本分，卻很少花心思建立在上層的能見度。有重要職缺時，老闆一定先想到自己熟悉、信任的人。創辦人忽略在台灣的我，並不意外。

遇到這樣的情況，最佳之道就是快速收起失望，鼓起勇氣去爭取。就算沒成功，也讓公司看到你的企圖心。接下這個職務，於我是跨出一大步，一方面很興奮，一方面則是忐忑不安。

我對香港團隊很熟悉，知識＋是我們向韓國入口網站龍頭 Naver 學習的，因此對韓國市場也不完全陌生，最讓我有壓力的是澳洲。它更接近歐美市場，而當時我只去過一次雪梨，對澳洲實在感到陌生。於是我掉進一個常見的領導誤區，以為做頭的就得對人家下指導棋。我腦海裡，有個質疑的聲音不斷響起：你又不懂澳洲，一個台灣人，這董事長你做得來嗎？想到所有的溝通都要用英文，壓力更大。我到今天都還記得當時緊張的感受。

2006 年，Yahoo 澳洲與當地一個很大的媒體集團 Seven West Media 合資成立公司，各占 50% 股份，成立 Yahoo7（雅虎澳洲合資公司名）。Seven West Media 旗下有電視、雜誌、報紙等媒體，產出的內容，將網路版權獨家提供給 Yahoo7，成為雅虎往內容發展很大的利基。而雅虎的數位人才與技術，又能滿足對方往數位發展的需求。這項合作是很有策略意義的。

實際營運時，合資公司面對兩個投資人，一個在地的，一個遠在美國，要達成共識是很大的挑戰。雙方各三席董事，對方將數位資產都賭上了，但雅虎爭取到派任董事長，有否決權與合併財務報表的權利。而我的職務，就是夾在兩邊中間、吃力不討好的董事長。

## 建立對陌生市場的自信心

從雅虎台灣總經理轉去做澳洲 Yahoo7 的董事長，兩者真是天差地遠的轉變。我的考驗，馬上就來了。第一個是關於自信心。

接下新職後，我首先赴澳洲了解市場，心裡七上八下。到了雪梨，第一天就去拜訪合資夥伴的執行長，對方是澳洲電視媒體的大人物，秘書請我進去氣派的會議室，他讓我等了十分鐘。一見面，他是很典型的澳洲大男人，在言談中擺出「你這從台灣來的女人，懂什麼啊」的態勢，當場先給我一個下馬威。我知道，他很懷疑，為什麼雅虎會派我做合資公司的董事長。

帶著一絲受挫的心情，進辦公室和 Yahoo7 團隊開會。我告訴自己什麼都不要想，先專心聆聽他們的問題。一聽下去，我很快就發現，他們碰到的問題，我完全理解，包括想做的服務很多，但資源不足；業績目標太高，難以達成；Seven 不懂數位，難以溝通。這些問題都是我過去經常遇到的。

一個接一個的會議開下來，愈討論，我就愈有信心。雖然市場不同，但他們做的事跟我們在台灣沒有什麼大不同，當中的原則都是一致的。在那裡我才發現，過去七年，我在台灣已經培養許多用戶增長的經驗，對網路廣告的商業模式、經營重點有很深的理解。

流量不足、用戶不成長，最應該花力氣的服務是哪幾個，哪些可以先放在一邊；不同類型服務的關鍵指標是什麼，我帶著大家一一討論清楚。另外，我知道台灣團隊有很多實務經驗，可以幫他們縮短學習時間。我立即答應派台灣同事來支援澳洲，手把手帶他們走一遍，怎麼做產品，看什麼數據，如何賣搜尋廣告。

從走進會議室，迎接我的是全場懷疑又好奇的眼神，離開時，我已經從他們眼中看到一絲絲佩服和期待。我們的距離很快地拉近了，這時我知道，公司讓我來接澳洲，不是一個錯誤的決定。我有自信，可以幫得上經營管理團隊。但很快地，第二個考驗迎面而來，我必須學習怎麼當個「遠距離的合資公司董事長」。

## 從總經理學習做董事長

過去，我都是在第一線做總經理，帶兵打仗。董事長應該扮演什麼角色？對我是全新的課題。

我想，做為董事長，最關鍵的任務就是挑對執行長。因為我不可能天天盯他們怎麼經營，一定要找到對的人。而在做這個決定時，我的格局要往上提升。我意識到，跟當總經理不同，我必須學習改變在第一線指導的習慣，退到管理團隊背後的董事會，協助執行長。

當時掌舵的執行長來自傳統廣告界，雖然很資深，卻不懂數位，也不太管細節。幾個會議下來，我就知道他和營運現場有段距離，團隊從他那裡得不到清楚的決策和方向。於是，迫在眉睫的難題是：我要怎麼處理他？

老實說，以我當時的歷練，要請走一位這麼資深的老外，我心裡很不安。但不管再棘手，我覺得責無旁貸。取得合資夥伴的同意，幾個星期後，我對他開門見山說明，他不適合繼續帶領Yahoo7。現在回頭看，還好當時提起勇氣，不拖延，及早換掉不適合的領導人。這絕對是董事長要做的最重要的決定之一。

那誰來接呢？董事會中有一位 Seven 派來的董事，對數位有經驗，也對 Yahoo7 現狀很了解，是個聰明的人。他常常提出一針見血的問題，以及很有建設性的意見，他也同意，現任執行長不合適。

我們一拍即合，我想，若是他來領導 Yahoo7，一定大不同。於是我大膽去試探他的意願，他很意外，但這是一個難得的機會，可以實現合資公司的願景，幾天後，他告訴我有興趣試試。

緊接著第三個考驗浮上檯面：一旦找到對的人，你有沒有勇氣去對抗其他人的不安和疑慮？

合資公司若不是建立在互信的基礎上，當不順利時，雙方就會在大小事上角力，以保護自己的利益。我卻選了一個對方的董事來當執行長，馬上引起公司不同的意見：會不會接下來，整個團隊都被 Seven 帶著跑？

我的看法卻不同。我覺得能找到對的人最重要，向對方借才，可以增進彼此了解，對雙方合作都有利。只要建立足夠的互信，我就有把握他不會決策一面倒，犧牲雅虎的利益。最重要的是，我找到他，我就願意負責。

後來證明，這是對的選擇。他不僅有很強的領導力，也很願意聽取建議，我們成了非常好的工作夥伴。在他擔任執行長的五、六年間，澳洲團隊大量向台灣取經，也做了幾個小併購，進入團購電商與旅遊服務，而我就在董事會支持他們跨出去，提供經驗與提醒。

## 不要忽略任何「少數人」的聲音

澳洲經驗給了我很多啟發。第一，相信自己的經驗是可以跨越市場的。雖然每個市場各有其獨特性，做法不一定能直接移植，但對網路產業的了解、解決問題的方式是共通的。台灣的靈活和肯拚的精神，啟發了很多人，不必小看「台灣經驗」。

我發現，台灣的經理人經常擔心自己不夠好、做的準備還不夠。特別在管理上，總覺得西方國家比我們更厲害，很多時候寧可選擇沉默，認為別人不會重視自己的意見。其實，機會找上你一定有它的理由。我從自己的經歷出發，鼓勵大家不必妄自菲薄，應該對自己更有信心，肯定過去經驗的價值，並且把握機會，擴大影響力。

第二，從管理者的角度來看，千萬不要忽略任何「少數人」的聲音，他們的建議可能非常寶貴。

我出身台灣，深刻體會到外商公司在「以美國為中心」的思維下，容易忽視小市場的偏見。等到我接掌國際事業，就特別注意各地團隊擁有的獨特才能。每次出差，就是深入了解當地團隊最好的機會。只要多問多聽，總會意外挖到寶。

我最喜歡做的，就是成為團隊間的橋梁，並且建立交流合作機制，讓大家彼此學習，既可鼓勵做得好的，也可以幫助落後的。例如前幾年，數位廣告轉向程序化購買，用「買方購買平台」（Demand Side Platform，簡稱DSP）媒合廣告主與目標消費者。在美國，向廣告公司和大型客戶推得很有進展，但在亞洲，由於過去銷售模式的成功，新平台的推廣就一直很緩慢。

當我在2018年接下北美以外所有的海外市場，看到歐洲和拉美業務的重心都已轉移到DSP。尤其意外的是，我發現巴西在這方面的業績比重高於其他市場，這讓我很好奇。仔細去了解後，我才知道，原來巴西在二、三年前就下定決心轉型。他們大刀闊斧改革，換掉一半的業務，找來懂程序化購買的年輕新血，再訓練肯轉型的業務，才有現在的成長。

過去，拉丁美洲是業績最小的區域，根本沒有人注意巴西做了什麼。當我發現這個成果，我立刻請他們站在鎂光燈下，分享轉型的過程，做為其他市場的老師。我也拔擢拉美區副總裁，讓他負責整個國際市場 DSP 的推廣。巴西團隊的努力被看懂、重視，他們大受激勵。也因為有了內部的楷模，我更有信心加速推動其他市場的大幅度改變。現在，雅虎 DSP 也成了亞太地區營收成長的引擎。

有時一些看似不起眼的活動，仔細聆聽，才知道裡面的學問。例如，台灣為了向廣告代理商推廣 DSP，做了一個漂亮的咖啡車，輪流放在各代理商辦公室。員工看到免費咖啡，都來排隊拿取，這時候就會看到雅虎 DSP 的宣傳短片和產品推廣大使。小小的活動，大大提升了 DSP 的認知和好感。

在一次業務週會裡，我聽到這報告，沒讓它輕輕帶過，我停下來問大家，其他市場是不是也可以考慮？結果，澳洲、新加坡都採用了這點子。

最近職場上出現「安靜藏私」（quiet constraint）這個新詞。意思是員工選擇在工作中保留自己知道的專業知識，刻意不與同事分享。定義這個現象的美國教育內容團隊 Kahoot 指出，有 26% 承認不分享資訊的人表示，這是因為他們沒有被要求分享資訊，而 23% 的人表示，是因為他們的雇主沒有給他們發揮的管道或時機。

可見對企業來說，培養「允許參與」和「知識共享」的文化有多麼重要。尤其是小市場或少數族群，平時很難取得主流話語權。做主管的要能認真聆聽，發掘他們的努力。不只是讚許，更去極大化它的價值，才會形成互助合作的文化，也激動每個人都能創造價值。

# 11 成為一個「容易合作」的人

在工作中，團隊合作非常重要。很少工作只靠一個人就好，大組織的成功更仰賴跨部門合作。但這也是個很大的痛點，在專業分工的架構下，多數員工都只專注在自己組織內的工作和目標，很少關心其他單位在做什麼，因而忽略了溝通與可以發揮綜效的機會。

每個單位都像是農場裡一個一個獨立的穀倉，也就是所謂的「穀倉效應」（Silo Effect）。這是每個企業都在想辦法解決的問題，也是考驗經理人智慧的時刻。

為什麼橫向合作很困難？首先，每個人、每個團隊都有自己的KPI（關鍵績效指標），自然是先顧自己。既然「不干我的事」，多數人都不會主動去了解其他人的目標。就算公司有跨部門的團隊會議，很多人也覺得輪到我講話才是我的事，其他時間都跟我無關。遇見合作困難時，又會站在本位主義來批評別人。

這種情況下，由領導人推動，上行下效，合作的文化才會建立起來。例如，透過年度目標設定，就是一個不錯的方法。每個公司都有年度目標，各部門也會依此設定各自目標，但不見得彼此會溝通。過去幾年在雅虎，每年 OKR（目標與關鍵成果）的設定是一件大事。從公司整體落到每個部門、每個人，都有自己的 OKR。要達成自己的目標，往往需要別人的合作。因此在設定目標之前，就開始跨部門討論，以安排資源。

溝通是關鍵。各部門的 OKR 不只是自己部門知道就好，而是要讓全公司都很透明地看到。每個部門最高主管必須分享自己的 OKR，以及需要和什麼部門協作，好在目標設定當下，就打破各做各的心態，也強調大家跨部門合作的必要性。

我很重視和跨層級同仁直接溝通的機會。我常常利用中午和不同部門的初中階同仁一起吃便當，聽他們工作上遇到的困難。有一次，有位電商的業務有點激動地講他的客戶在產品上碰到的問題，產品部門卻一直沒把它排進時程內。結果，當場另一位同事說：「我就是做這個服務的工程師，修改這個應該不複雜，可是我都不知道有這個問題！」

明明做同一個服務，在同一棟樓裡，一個做產品，一個銷售，可是兩個人從沒見過面。直到這頓午餐後，才興奮地相約討論如何加速改善。一旦組織裡每個團隊變成一個個缺乏橫向連結的「穀倉」，組織的效能自然就難以提升。

要創造有效的橫向溝通，我的建議是，不該期望「先從別人開始」，而是反過來說，先讓自己成為一個「容易合作的人」。

## 創造價值，讓別人願意跟你合作

工作中，我們常聽到同事抱怨其他部門很難合作。有一次，大中華區業務部抱怨總部的廣告產品部門改變廣告刊登政策，卻沒有事先說明，讓他們中國客戶大受影響。他非常生氣，寫信去反應，卻一直沒有得到有效的回應，問題一直拖。

我請他把我加進郵件裡，一看，他的電子郵件內容落落長，有許多描述問題的細節，並且不斷指出對方的「錯」。此時，產品部門關心的是如何提升廣告品質。或許這改變會對一些質量不高的廣告主有影響，但從全球的眼光來看，他哪有興趣花時間搞懂幾個中國客戶的問題，還期待他在忙碌的工作中優先處理？

於是我安慰他，對方不理是可以預期的，最好簡要先說明業績影響是多少，然後爭取半小時電話會議，直接討論折衷辦法。

別人不配合，不必意外，也無需立刻生氣，更不要給人亂貼標籤。站在對方立場想，很多情況是溝通的問題。應該找到對方容易接受的溝通方式，而不是期待別人都像你一樣關心，願意花很多時間了解。

所有的關係都有捨有得。要讓別人願意幫你，最好讓這件事對他也是有價值的。我們要創造價值，讓別人願意跟你合作，而不是自以為理所當然。要做到這一點，首先要從同理心出發，知道對方最關心、在意的是什麼。

當我要跟別人合作時，首先我會站在對方立場想，他關心什麼？包括他的工作目標和重點，甚至個人的興趣，有助於我找對切角討論。其次，先想好要給他什麼資訊，他才能做判斷？他要投注多少資源？尤其是當你需要其他部門的支援，對他卻不是重要的事，該怎麼辦？

舉個例子，Yahoo 財經在全球都有影響力，許多投資人和企業界人士以它為主要的資訊來源，就連巴菲特每年的股東會，都找 Yahoo 財經做全程獨家媒體實況轉播。我一直很想在亞太區籌辦這樣有高度、舉足輕重的財經論壇。這一定要有美國的支持，但他們總是以抽不出空為由，讓計畫難以推動。

2017 年，Yahoo 財經頻道請來一位新主管，是澳洲人，我決定找她商量。首先，我選定澳洲市場做先導，澳洲是英語市場，又是她的家鄉，有個人情感，執行起來也對美國最容易。再者，我提議對方不必花太多資源，就可以雙贏。只要她支持 Yahoo 財經頻道的總編輯安迪．瑟威爾（Andy Serwer）來雪梨主持論壇，其他全由澳洲團隊負責。這樣的提議，她實在很難拒絕，這事終於就成了。

Yahoo 財經頻道加上安迪的知名度，讓我們更容易請到重量級與談人。也因為他的參與，論壇內容被披露在全球財經頻道，澳洲、美國都很滿意。有了這番經驗，2021 年，新冠疫情影響，全球供應鏈遇到空前挑戰，凸顯亞洲在全球製造的重要性。Yahoo 財經更進一步，從香港直播全球市場高峰會亞洲場，許多業界重磅領導人參與，對 Yahoo 財經的全球性、品牌高度，以及贊助，都是一個很好的跨團隊合作案例。

當你站在對方的角度尋找解決方法，讓自己成為一個容易合作的夥伴，不僅會有更好的結果，同時也能在其中獲得友誼。

此外，職場中多交朋友，少樹敵，建立友好的關係，對自己一定有幫助。

美國來了一位新業務主管，當時業績不好，業務頭難免首當其衝，好幾次在會議裡，他被老闆和其他同事「圍剿」。雖然我和他沒有直接關係，但我也負責廣告業務，我了解他的難處。好幾次會議裡，我站出來幫他說話，支持他的看法。

這是需要一點勇氣的，會中的箭頭不指向我，我大可以閉嘴，但我選擇支持他，讓大家了解實務。我們並沒有深交，所以他很意外，會後還寫信感謝我「挺身而出」。這讓我多了一位「戰友」。後來當我正式接掌國際市場，需要從美國業務部門切出人力給我時，遇到很多阻撓，最後就是他的一句話讓大功告成。

此外，我發現，要晉升一位主管時，先看看有沒有優秀的跨部門同事願意為他背書，就知道他是不是能跨組織合作。過去在雅虎要升 VP（副總裁），除直屬老闆外，必須有三位推薦人，並且至少要有一位是其他部門的 VP。我下面有一位負責雅虎日本合作業務的同事，多年來把夥伴關係間複雜的問題，處理得很好。他認為自己已經預備好升 VP 了，但是他的團隊規模比較小，遇到阻力。當我看到和他經常共事的法務部門、產品部門的 VP 大力推薦，證明他有讓跨部門主管都讚賞的領導力，我就下定決心要力挺他晉升 VP，並且還將整個日本市場交給他負責。後來也證明我們看對人。

另外，常常表達友好感謝的行動，能為友誼加分。我的同事中，台灣董事總經理王興就是個非常大方、樂於分享的人。她每次看到好吃好用的，都會多買來送客戶、同事，讓人覺得窩心。她說，客戶的產品她一定買，感謝客戶的支持。就連手機，她也有好幾個牌子，見到客戶就換用他家品牌的。這種用心，替她贏得的不只是生意，還有友誼。

不要輕忽這些做人處事的小地方，可以為關係增溫、提升團隊合作。

此外，讓別人了解你，是建立尊重互信的開始。每當國外同事來台灣，我都會邀請他們參加內部活動，親身感受這裡的文化。有一次，一位美國的資深技術主管來台灣，參加了全員月會，看到會場裡擠進六百多人，專心聽各部門報告，氣氛溫馨熱絡，他說：「我雖然聽不懂中文，但我被大家的活力和向心力感動，太棒了，真希望美國也能有這樣的氣氛。」回去美國，他不僅跟很多人分享那天的感受，也加深他對台灣團隊的好感與信心。

## 不是主管也可以發揮影響力

我觀察那些和同事建立良好關係的人，往往是不自私、不斤斤計較、不本位主義的人。他們以整體利益為目標，勤於溝通，影響他人，一起往目標邁進。其實這樣的人，即便還沒有很高的位階和頭銜，一樣能贏得尊重、發揮領導力。

多年前，當我們做人才培育計畫時，我問技術長，誰是會影響他人去留的關鍵人才？名單中，只有一位是還沒帶人的年輕產品經理吳文萱，她在做工程師的時候，就展露出「不做主管，一樣可以有領導力」的風範。

文萱聰明、做事認真，更樂於助人，從不計較自己多做一點。因此，當她擔任產品經理時，她要做的事，大家都特別認真配合，從不跳票。她甚至被同事封為「工程師的地下總司令」。

2018 年，我在國際業務之外，同時兼任發展美國的電商。我想在台灣找一個產品經理來負責，既可以充分發揮台灣電商經驗，又能和美國的產品團隊合作。二話不說，我立刻找了文萱，賦予她重責大任。

美國的團隊不懂電商，文萱除了帶團隊做導購的雅虎購物，還不厭其煩地去教育溝通，協助郵箱、搜尋、媒體服務找出內容電商和導購的商機，一起合作。大家都知道她的功勞很大，但她從不獨占光芒，總是歸功給整個台美團隊。到後來，大家都信賴她、喜歡她。她帶的部門中，八成員工都比她資深，但大家都很服氣她的領導和能力。她在雅虎八年，連升四級，三十多歲就成為全球的電商產品總監，最後被轉調到美國。愈是善於跟人橫向連結，就愈是等於幫自己創造機會。吳文萱就是最好的例子。

如今環境快速變化，團隊作戰很重要，橫向連結更是要做好。這樣的企業，遇到組織架構和制度面管不到的地方，員工會自己補位，合作不掉球。

團隊精神既然這麼重要，在招募和晉升時，尤其要注重「樂於和人合作」的特質。當然，經理人也要有充分的自覺，才能在快速變化的職場環境裡，成為一個靈活、善用個人影響力，能為企業創造最大價值的人才。

# 12 用正面心態看老闆，幫助團隊成功

前前後後，我在工作上經歷了超過二十位老闆，有沙場老將也有新手執行長，有技術背景的也有業務出身的，華人、白人、猶太人、印度人都有。他們的個性和我都不一樣，甚至大多在國外，不在同一個屋簷下工作。

很多人好奇為什麼老闆怎麼換，我都不受影響。我想，不是因為我八面玲瓏，而是我掌握了和主管工作的正面心態，並且真心願意和老闆合作。我認為，向上管理的第一個關鍵，是進入老闆的思維。我們往往只看到執行面或跟自己工作相關的問題，一旦站在老闆的高度想事情，就會知道他看到的局面可能完全不一樣，考慮自然不同。所以，先把自己的視野放到老闆的位子上。

第二個關鍵，只要講到人際關係最終都和信任有關。人與人若是缺乏真實的溝通和互動，只維持表面關係，信任是很難建立的。很多人以為「專業」就是公事公辦，把事做好就行，在職場

不重情感。對此，我很不以為然。其實，很多時候就是因為工作中有好朋友，遇見挑戰還是選擇一起打拚。和老闆有良好互信的關係，是工作的助力也是動力。

老闆希望下屬忠誠，聽起來很八股。但我聽過「忠誠」最好的定義，不是對老闆言聽計從、至死效忠，而是「盡全力幫助老闆成功」。所以第三，你要幫助他達成目標，做出績效，解決問題。當你用這個思維，就更能找到符合個人興趣與公司或老闆利益的路徑，成為雙贏。

向上管理指的是，在信任的基礎上，兩人走向同一個方向。團隊要能成功，一定是上下一心，腳步一致。這樣的團隊才能做出成績。

雖然我和老闆都有很好的關係，但也有衝突的時候。有一次衝突，讓我徹底學習如何以老闆的觀點看事情。

## 學會真心理解老闆的立場

組織中心化與在地化是跨國企業經常面對的管理議題。產品全球化程度愈高，愈適合集中開發；當市場差異性愈大，自主性高則有助於競爭。

現在的跨國網路公司多以中心化的產品組織為主，但當我做台灣總經理時，雅虎還是市場主導，總經理有相當高的自主權。這種組織的優點，是容易直接滿足在地市場的需求，反應最快，不會綁手綁腳。但當一家跨國企業面對幾十個國家時，資源分配到各市場裡，不易統整，容易重工，大家各自也都覺得資源不夠。

在我做亞太區主管時，老闆是剛上台的營運長。她看到同一時間居然有十四個國家各自都在做首頁改版，嚴重浪費資源，於是決定改組，讓各地的產品與技術團隊回到全球組織，統一對美國報告。

我聽到之後，立刻跳腳，認為這是個錯誤的決定。因為美國不了解亞洲國家獨特的市場性，會忽略我們，拖慢速度。畢竟，雅虎當時在亞洲是領先的，我不願放棄主導權。所以，我在會議裡總是唱反調，指出用單一指揮系統來滿足這麼多元化的區域，絕對不會成功，應該把亞洲當成特例。只是，孤掌難鳴，我覺得非常沮喪。

或許，我的擔憂不是沒道理，但我忽略了營運長要面對的是更大挑戰：雅虎全球面臨強大的競爭，核心服務如搜尋、郵箱被Google超越，也缺乏有規模的創新。公司必須用整體戰略的眼光，集中火力突破。老闆的焦慮，不是當時的我所能理解的。

有一天，神點醒了我，一個意念出現：「你是營運長嗎？等你在那位置的時候再來做你覺得對的決定。」我才發現，我一直站在我的立場和經驗批評她的決定，完全沒有站在營運長的高度看問題。她要考慮的，比我想得多很多。如果我是她，或許也會做一樣的決定。

頓時，我想通了。我寫了一封信跟她道歉，說我了解她為什麼選擇這樣做，也表明會善用我們的市場經驗，幫助產品團隊兼顧市場需要。在充分溝通後，她更了解我的想法，也鼓勵我繼續給產品意見。

過去，美國產品部門對台灣一直感到好奇，但組織不同，也沒深入交流。改組後，台灣的技術團隊大受重視。2009 年，全球雅虎新聞平台大動作地從美國轉到台灣，產品經理、技術開發都是台灣人。台灣團隊的高效率，在兩年內，將全球九個內容管理系統、二十六個新聞版本，重新建構為一個現代化的新聞平台與共享資料庫，為公司解決平台破碎、重工的問題。

愈多合作，總部愈看到台灣人技術優、工作勤奮、效率高。台灣因此而升格，與矽谷、印度、北京一起，成為全球四大產品開發中心。台灣的能見度和重要性比以往更為提升。

這個例子讓我了解，不同的決定會產生不同的價值和結果，有些是我沒有預期到的。以後，和老闆意見不同時，我更願意從他的角度來看，不再堅持己見。

## 老闆也是人，而且很寂寞

很多時候，我們覺得老闆很瞎、不了解下屬的需要、做的決策沒道理。但這往往是因為，我們也沒有真心去理解老闆的目標，並且和他的目標對齊。想想看，你真的知道老闆最在意什麼嗎？甚至，他的績效是如何被公司評核？

我有一位執行長老闆就做得很好。每年他會給每一位部屬一封「個人年度目標信」，把他的期望很全面地列出來，讓我們和他的目標對齊，也用來做個人年度評估。

做這件事一定花了他不少心思，但非常有幫助，讓我清楚了解什麼是他重視的。每一季，我都會拿出來檢視我的工作，再次提醒自己，和老闆的目標對焦。

其次，溝通不全是老闆的責任。做為部屬，有義務主動讓老闆知道他需要知道的事，而不是總有「意外」。像我在歐洲拔擢的業務負責人，就非常懂得拿捏分寸，讓我們很快地建立信任。例如重要的事，她會用 WhatsApp 簡短及時地告訴我進展，必要時就通電話談一下，很快取得共識。她常常問我的意見，也會告訴我她需要什麼幫助，這讓我感到被尊重、被重視。

此外，我非常重視創造一對一的對話。不管是徵詢老闆對工作的回饋，或是交換意見、請求支援都好。我非常相信，與其私底下揣摩上意，不如直接問老闆的建議。每次談話，我一定會設定好要談的幾個主題，並跟老闆確認：「你有沒有其他要談的？」事先做好準備。

我也會利用出差時，找機會和老闆進行會議室以外的互動。我相信，任何重要的關係都需要經營。但讓我意外的是，很多人都忽略這一點。

其實，老闆也是人，所謂高處不勝寒，老闆往往是很孤獨的，因為他不見得能找到分享心事或壓力的對象。所以，我往往會在一開始談話時，先真心地問候一句老闆最近過得好不好。他感受到我的關心，接下來的對話也會比較有溫度。

## 主動掌握職涯發展的發球權

把老闆當做一個有人性的工作夥伴，而不純然是「上對下」的指導者，我們的角色就可以更積極，不只是被動地承接任務，更可以主動地彌補老闆的不足。在組織中，我們也會更有價值。

另一個向上管理的重要議題，是個人的職涯發展。我們普遍認為，職涯升遷的主動權在老闆手上，很難自己控制。但我們真的只能被動接受嗎?

首先，我們要有自己掌握職涯發展的觀念，因為沒有人比你更在乎。心裡要有一個想做什麼的藍圖，包括培養專業能力、擴展經驗、參與專案等。要知道，一家公司每年大約只有 10% 的員工會晉升，不要局限於幾年才有的晉升名額，至少每年和主管討論你的發展方向，表達你的想法，老闆可以提供的機會也許超過你的期望。

其次，不要被動，你可以向老闆提出雙贏的選項。我在雅虎兩個重要的工作改變，一是擔任亞太區主管，是我「提醒」老闆、自己爭取來的；後來，負責北美市場以外的國際市場，也是我「提議」給老闆的。

Verizon 併購雅虎後，新任的執行長要改組，他想要找一個信任的人帶美國業務，讓他專注在產品創新與其他重要的事。由於我們是舊識，他很信任我，我也有十多年廣告業務經驗。有一天，他問我願不願意去美國，負責美國業務。我很訝異，雖然這會是我職涯的一個突破，但我覺得這角色不適合我。

反過來說，我在亞太區太久了，一直希望能把影響力擴大到其他海外市場。於是，我對老闆提議，把分散的亞太、歐洲、拉美區整合成一個國際事業部，讓國際事業部從產品、行銷到業務，由我全權負責，這能真的帶來改變。他很遲疑，因為海外市場不是他第一優先要改善的。同時，更動既有的全球產品、行銷等組織，會遇到不小的阻力。

我將這想法的策略意義說給他聽：第一，組織簡化成美國和國際業務兩大板塊，他可以讓美國團隊更專注把美國搞好。第二，執行長一直說海外市場才是成長的機會，但大家都知道，海外市場很難得到美國的支持，流於口號。成立國際業務部，方向明確，加上台灣的產品團隊可以負責本地化和創新，讓全公司看到，成長海外市場不是說說而已。

他想想有道理，接受了我的建議，達成雙贏。我的工作有了新的學習成長，而國際市場在那短短兩年中，能見度與士氣都被提振。下一次，當老闆提出一個你認為不盡理想的安排時，要不要試著跳出框架思考有沒有「第三條路」，說不定會有完全不同的結果。

## 真的遇到爛老闆，就走吧

管理大師杜拉克在《彼得・杜拉克的管理聖經》一書中寫道：「你無須喜歡、崇拜或憎恨你的主管，但你必須要學會管理他，好讓他變成你達成目標、追求成就及獲致個人成功的資源。」

確實，老闆需要你協助他成事，如同你需要老闆指導、鼓勵，把機會給你。這一點是不分種族、國籍，放諸四海皆準的。

當然，你也可能真的遇到「爛老闆」。畢竟，並不是全天下的老闆都英明。這時，如果你還喜歡這家公司，我會建議你評估內部有沒有其他轉調機會，若是沒有，不要猶豫，寧可離開走人。因為最差的狀況其實並不是換工作，而是由於對老闆充滿怨氣，天天不甘不願地工作，甚至找一群人一起取暖，整天背地裡罵老闆。人生陷入這樣的負面循環，浪費時間，才是最大的損失。

天底下沒有一百分的員工，當然也沒有一百分的主管。做好向上管理，絕對是上班族的必修課。它能幫助我們跟老闆目光一致，更容易一起合作，齊步向前。到最後你會發現，那個職涯路上的「貴人」，不在燈火闌珊處，往往就是一起共事的老闆。

# 13 溝通永遠不嫌多

不管是從同仁印象，還是過往主管給我的績效評核來看，溝通似乎是我的強項。我想，這是因為我很重視溝通的緣故。我認為，有效的溝通可以解決一半以上的人際問題，化解衝突、凝聚人心、享受工作。

溝通太重要了。職場上，幾乎沒有什麼事是不靠溝通就能做到的。尤其在重要關係中，我們經常看到由於溝通不良而造成誤解，結果變成「這兩個人有問題」。其實，不是「這兩個人」有問題，而是「這兩個人的溝通有問題」。先把解決的重心從「人」轉到「溝通」，就是觀念上很大的改變。溝通不良造成的後座力有多大，往往令人難以想像。

早年我曾經有位老闆是娛樂圈的人，有一次，我們對節目方向有不同的想法，因為我比較會站在國外總公司的立場看事情，他就當著別人的面直接對我說：「你就是老外嘛，幫他們做事的洋買辦。」

可能對他只是一句玩笑話，或者也可以中立地解讀成，我真的比別人更理解老外的眼光，但我當時非常受傷，把這句話當成他對我貶抑的評價。年輕的我並沒有去找老闆釐清這句話的真實意涵，只是默默放在心底，甚至因此有了離職的念頭。

儘管後來我們還是很好的朋友，當今天我以更成熟的態度回顧時，也知道他講這句話不是惡意，但這件事就這樣存在我記憶裡將近三十年。誰說溝通的影響力不大呢？

## 你講的每一句話都會被放大

一旦成為主管，更要有心理準備，你講的每一句話都會被人用放大鏡審視。

只要是人，難免會言詞輕率或忍不住大肆批評的時候，但有句話對我一直是很好的提醒：「你永遠都要想一件事，如果你現在講的話，任何人引述其中的一段，成為明天的新聞標題，你還會這樣說嗎？」從這個角度出發，你就知道什麼話能說、什麼話不能說。

要記得，我們在這個角色上設定各種原則的結果，最後就形成企業文化。你怎麼做，下面人就怎麼做。你在這個位子上，不只是完成工作，更是發揮影響力。所以，不要以為溝通只在於你說的話。你坐進會議室後，認不認真、專不專注，或是你聽哪一個人講話、哪一個人你不聽，都在傳遞訊息，都在溝通。每個員工都在觀察你比較重視誰。主管就像是一個透明的存在，一言一行都是焦點。

換句話說，你的每個動作都會被同仁看在眼裡，並且再詮釋。比方說，身邊總會有些人跟你比較契合，走得比較近。即便你不是有心的，卻會讓其他人感覺他是在核心的小圈圈中，然後一一去貼標籤，分辨誰在這個圈圈裡、誰不在。即便你什麼事都沒有做，周遭的人已經默默地、敏感地完成一項大工程。這很容易形成辦公室政治的問題。

身邊有位同事跟我一起工作很多年，私底下，我們也是好朋友。所以很多人就認為她是我最貼身的人，許多事情都透過她來問，或要她傳話給我。如此，不僅會混淆這位同事的立場，團隊間也形成一種不直接溝通、刻意避免衝突的文化。

當我發現了這點，我就讓大家知道，我喜歡直接對話，不必找人傳話。而當下面的同事跑來跟我咬耳朵，對別的部門有意見或抱怨時，我會要求他先跟當事人講，而不是期待我去傳話、去解決。我認為這是建立透明互信團隊的必要過程。

主管不一定總是要表現得信心滿滿。主管愈透明，團隊凝聚力愈高，包括讓大家知道你沒有十足把握。即便是「我不知道這是不是對的決定，但我認為這是現在最好的選擇，只有做下去才知道」，也遠遠好過大家明明看得出問題所在，卻硬是告訴團隊「沒問題，這樣幹就對了」。

主管的任務是拉近你跟團隊的距離，向目標對齊。你的透明度會讓大家更明白公司在想什麼、你在想什麼。不要讓同事對你霧裡看花，需要「揣摩上意」，這會減少信任，形成內耗。

溝通也不是一次就夠了。我們常認為這件事我已經講過了，就以為大家都知道，會照著做。然而，從聽見到接受，再成為行動，只說一遍絕對是不夠的。一件重要的事、一個你想看見的改變，做為主管，恐怕要說到你都覺得膩了，對聽的人來說才叫做「夠了」，相信你是玩真的，行動才會發生。

## 及時展現出溝通的意願

2010 年，網路進入以手機為主的 Web 2.0。當時，雅虎管理階層對產品策略與資源分配有很多不同意見，員工感到方向不清。管理上碰到的大困擾還有公司裡的紛爭經常會走漏給媒體，讓員工不安。就算公司再三要求員工不准洩密，被發現一定嚴懲，也沒有用。執行長常常要出來闢謠，經過幾次以後，大家就知道外面講的多是真的，嚴重影響士氣。

梅麗莎・梅爾（Marissa Mayer）上任執行長後，所做的第一項改變，就是每個星期五召開一小時她親自主持的全球員工大會，分享這個星期中重要的事，以及回答員工提問。會前幾天，大家可以先上 Slido 提問，只要超過一定人數支持，她一定回答，答不完的也會後續跟進。可想而知，常有非常尖銳的問題。

梅麗莎每次開頭的第一張簡報，一定是提醒大家要「保密」（confidential）。她說，我把我能說的都告訴大家，毫不保留，但我只要發現外露出去，就不再這麼透明地溝通了。包括當天剛開完董事會的簡報，除了極機密的財務數字外，她全部都攤開給員工看。既然每個星期都可以向執行長問問題、得到訊息，就再也沒有資訊外洩的情況了。

至於最棘手的溝通，當然是有關壞消息或公司出現危機時。對於這類困難時刻的溝通，有個大原則就是：不要延遲。

有些人想要等事情清楚了再來溝通，但我認為，溝通貴在你及時展現出溝通的意願，這往往比「到底現在的溝通有多完整」更重要。

新冠疫情在美國爆發時，當下對於新冠疫情的了解很有限，大家人心惶惶，公司立即讓全部員工回家工作。當時的執行長古拉潘選擇天天上線跟全球員工直接溝通，讓大家知道此時的優先順序，同時回答員工各種疑慮，包括會不會裁員、業績會不會下調、電腦螢幕能不能搬回家等，這樣一做就是六個月。

雖然古拉潘也時常沒有完美答案，但即時並密集的溝通果然發揮效果，大家的工作效能不僅沒有減弱，2020 年的員工滿意度居然比疫情前還高。可見溝通的意願、形式，跟溝通的內容一樣重要。

說到形式，會議是最常見的溝通情境。主管要意識到，部屬很容易過度解讀老闆講的話，或是照單全收。所以，什麼是你的「決定」、「要求」、「建議」、「參考」，都要好好講清楚，別讓自己在會議中突然間冒出的好奇心，統統被視為對部屬的要求，讓員工困擾。

當會議中出現多線的討論，主管要記得把主題拉回來：「我們的決議是什麼？」這才能讓大家了解「你到底要我們做什麼」。尤其在會議結束的前幾分鐘，誰要在何時去採取什麼行動，一定要講清楚，以確保大家的結論是一致的，而非各自解讀。

其次，不要只說 what，沒說 why。這是在傳統企業文化裡，主管常犯的毛病。以為一個組織分工，老闆是負責思考指揮的頭，下面的人是執行的手腳，只要知道該做什麼就夠了，不溝通「為什麼」，而是直接發號施令。這種方式很難激發員工主動思考解決問題的多種可能性。尤其在帶領年輕人時，若希望他們更積極，一定要說明清楚箇中原由，讓他們一起參與解決問題。

## 掌握原則，打造有力的簡報

簡報是另一種常見的溝通場景。常看到的問題是，明明表定時間只有半小時，但同仁準備的內容一小時都講不完。「準備太多」不見得是好事，尤其是想要把準備的都放在簡報裡。結果，你真正要達成的目標是什麼、你希望大家聽完後記得什麼、做什麼，也跟著埋沒在過多的內容裡。

有一次我要到美國做個重要的報告，人資主管幫我找了一個口語教練。他一開始就問我：「Rose，你這次報告的目的是什麼？」「你希望大家聽完後，帶走什麼或做什麼？」

這樣問，讓我用不同的角度再想想。我說，應該是：「希望他們看到亞太區亮眼的成績，對我們有信心，願意支持我們投資東南亞市場的計畫。」

回答後，我正要打開簡報內容，教練說，等等，先把整份簡報縮小成一格一格來看，讓我說出每一頁標題的重點。這樣一來，很容易就看出簡報的邏輯清不清楚，有些標題不對，有些前後對調比較順，還有的根本無助於我要傳達的訊息。沒幫助的，就放到附件。完成之後，再進入每一頁的內容，同樣檢視是不是吻合標題的重點。不是的話，要不修正、要不就毫不留情刪掉。

這是我上過最有用的簡報課。因為，我的目的並不是要告訴別人「我做了很多事」，而是如何在眾多我做的事情當中找出重點，讓大家跟著我的思考脈絡，得到我需要大家得到的結論。這才是我的日的。至於一些輔助的細節內容，可以放入附件中，需要時再提出來補充，不要讓它喧賓奪主。以後，我在各式各樣大小溝通前，都會先想目的是什麼、我要傳達什麼，學習讓報告不發散。

其實，你怎麼想自然而然就影響你怎麼講。我們台灣人在學校比較少接受批判性思考（critical thinking）的訓練，對於如何呈現清晰的邏輯、因果、假設、結論等常有不足，這也是我們平時在溝通中需要多加訓練的。

不同目的也可以考慮選用不同的輔助工具。像我們最常用的PowerPoint以關鍵文字或圖像為主，未必是報告唯一或最好的形式。有時，文字化反而能刺激腦中的思考。所以我們也會要求有些產品會議中的報告要寫成文件，以清楚的邏輯來闡述需要解決什麼問題、用戶對象是誰、我們有什麼優勢會做得比別人好、產品主要功能等。這樣大家都能先看完，清楚了解提案人的想法和計畫，有助於在會議上多花時間討論，而不只是聽報告。

溝通，真是個大學問。我在職場裡，能夠有效地建立團隊、凝聚人心、影響同儕、向上管理，重視溝通是一大原因。

會不會溝通，不在於有多會說，成功的溝通一定要從同理心出發，願意去了解、聆聽彼此，並且有耐性、持續地做。我認為，培養溝通力，是每個人在職場中，不論位居什麼角色，一項最需要、也是回報最高的投資。

# 14 敢用比你更厲害的人

關於「人才是公司的資產」這句話，我的感受非常真實。沒有人，什麼事都做不成，光靠幾個厲害的人也不夠。所謂的企業文化，是要公司中所有人以同樣的方式前進，才能凝聚、塑造出來。而用對人，正是回溯這一切源頭的核心。

在雅虎的二十年，我有幸和許多優秀的人一起工作，幫助他們養成大將。許多人在離開雅虎後也都成為一方之霸，有人稱雅虎是台灣網路業的「黃埔軍校」，真不為過。我可以很自豪地說，知人善任是我的一大長處，也是我在職場能有所表現的關鍵。

大家都說找人難，怎麼找到對的人？當然，不是每個公司對求職者都有一樣的吸引力，但看看許多成功的企業，沒有高知名度、也不給最高薪，一樣能建立高效團隊，成為隱形冠軍。

簡單來說，「fit」跟「match」這兩個字是關鍵。不一定是找資歷最強的人，而是去找最適合（fit）的人；不是只找人 match

現在需要的技能而已，更要重視他的潛力，是否願意挑戰現狀，可以成為長久的人才。求職者也要留意，match 是雙向的，在找工作時，要了解公司環境與文化跟自己能不能合得來。

我很早就體會出一個重要的道理：成為主管，不是因為你比下面的人厲害，可以指導他們，而是懂得用主管的角色幫助部屬發揮長才，一起達成更高的目標。當團隊有出色的表現，主管才有成長的空間、晉升的機會。這樣想，你就會去找很有能力的人，也不害怕「管不住」比你厲害的人。主管要有勇氣不做團隊的「天花板」，而是「地板」。把找到比自己厲害的人、好好用他們，當成領導者最重要的工作。

## 做主管的，隨時都要睜大眼睛為組織尋才

雅虎台灣的領導梯次背景多元，個個都有大將潛力，就是我秉持這樣的信念，在外延攬或是拔升上來的。

2002 年，網路業仍籠罩在泡沫化的陰影下，我要找雅虎奇摩併購後的廣告業務主管，面試到在萊雅集團負責美髮產品的張憶芬。當時網路廣告還很新，我沒有去找經驗豐富的傳統媒體業務做主管，而是選擇沒有包袱、可以建立規則、開疆闢土的人才。

在談話中，憶芬的溝通很有說服力，有決心和自信，並樂於帶領團隊，有大將之風。我很欣賞她，最後我問她有什麼問題，很意外地，她只問我：「Rose，我聽說做媒體廣告的，很多會拿回扣。我是絕對不做這種事的，如果你要我做，我們就不用再往下談了。」

我不覺得被冒犯，反而看到她的直率真性情。她不擔心網路泡沫，也不問你要給她多少股票選擇權。她不拐彎抹角，只問你做事的原則。這讓我對她的信任加分。憶芬在雅虎前後超過十年，帶過台灣業務、東南亞市場，是位不怕挑戰、能夠帶兵打仗的領導人。後來接下張憶芬台灣業務棒子的，是經過內部培養晉升、有創業精神的陳建銘。

做主管的，不是等缺人了才出去找，隨時都要睜大眼睛為組織尋才。陳建銘就是我巧遇相識、網羅進來的。陳建銘的弟弟，曾是雅虎台灣的業務總監，後來調去中國負責廣告業務。有一次在上海，我在飯局上認識了陳建銘，聽說他做過遊戲，當時便想：雅虎是不是有機會進入遊戲市場？好奇問起他的經歷，他很坦白地分享自己創業失敗的過程。即使如此，一講到遊戲，他的眼神就忍不住發光，「我覺得我還沒放棄，有機會我還想做遊戲，」他說。

我觀察他很有親和力，談到遊戲時散發的熱情與真誠很有感染力。我覺得他是個難得的人才，不要放過。一吃完飯到路上，我馬上打電話給他：「雅虎一直想做遊戲，但我們沒有懂遊戲的人。你願不願意考慮來雅虎做？」他很訝異，我這麼快又直接地找他。

他決定加入雅虎，後來推動與韓國遊戲廠商 Nexon 合作的遊戲《楓之谷》，果然得到網友熱烈的回應，也找出雅虎在遊戲生態鏈中適合扮演的角色。之後，我讓他轉換幾種不同的部門，都是有開創性的職務，直到接下業務部，將他敢衝、擅長待人的特質充分發揮，帶出佳績。2010 年，升做台灣總經理。

等到網路廣告漸漸成熟，要持續成長，我意識到必須了解如何將傳統廣告的預算轉移到網路，所以這時得改找懂傳統媒體廣告的人。

王興是我奧美廣告的前輩，也是我的朋友，當時已經是台灣最大媒體採購代理商「傳立媒體」的董事總經理了。她人面很廣，我想請她幫我介紹人，沒想到王興竟然鼓起勇氣問我：「你怎麼不找我？我會有興趣喲！」

我一度擔心她在業界很資深，已經做了最大代理商的總經理，踏進網路界，會不會不適應。但想起每次碰面，她總是很熱情地分享她又如何「超出客戶想像」地關心、服務客人，身段柔軟、盡心盡力。帶著謙卑的態度進入新領域，我相信她會成功。

過去她頻繁換工作，進了雅虎卻破紀錄地做了十一年，讓雅虎懂得和代理商合作，抓住數位成長的契機。王興也很關心內容產業的品質，在她晉升總經理後，要求雅虎新聞棄絕推播假新聞，強化社會影響力，並且成功推出主打自製影音內容的 Yahoo TV，成為第二大流量的影音媒體。

一流的人才，一定具有高度學習興趣與實踐的能力，這是我在他們身上看到的共同特質。

## 既要衝鋒陷陣，也要能深思熟慮

團隊中，需要有能夠衝鋒陷陣、滿腔熱血的領導者，也需要深思熟慮、有耐性，懂得善用系統性學習、解決問題的領袖人才。很幸運地，我身邊一直有這樣的夥伴，他們是團隊中堅的骨幹。

奇摩技術長林振德，憨厚老實，不與人爭鋒，卻是最能有效解決問題的技術主管。他非常樂觀正面，對新事物充滿好奇，幾乎沒有什麼事在他眼中是無法解決的。不管技術更迭、組織變動，他都能穩穩地帶領著一、兩百位厲害的工程師，接受改變繼續前進。他是團隊裡最低調、也最關鍵的領導者。

在一次年度評估，他說，他也想做做技術以外的事，我記在心裡。不久，我將電商倉庫、物流、營管交給他，他果然用自動化提升效能，讓團隊眼睛為之一亮。最後，他接下整個電商，成為事業單位負責人，用更理性科學的方式管理。

這讓我學習到，各種性格和特長的人，用對時機，都有機會成為優秀的領導者。

2004 年，我將表現優異的行銷主管黃蕙雯，調去負責搜尋與社群服務事業單位。這個改變跨度很大，要負責產品與成長營收，蕙雯平時展現出一流的學習力、認真負責的態度，擅長團隊合作，讓我放手一試。果然，她推出的新服務「知識＋」、「交友」都大受歡迎。

要找人接棒行銷，我立刻想到舊識陳琚安，她是當時少數做過網路又有大型品牌行銷經驗的人。她的加入，讓行銷如虎添翼，更上一層樓。

做過新浪網和 Priceline 的她，一直對新科技感興趣，是個學習型、做事有步驟、對人有耐性的領導者。在雅虎共事的十多年間，我多次轉變她的角色，她總是很快就能上手。她是我共事的人中，最懂得系統化學習、專案管理，按部就班、使命必達的夥伴。她也特別關心同仁的學習成長，不管角色怎麼變，總能培養出優質、高向心力的團隊。

另一位做過台灣總經理的洪小玲，也有很深的行銷背景，她對新事業很有熱情。當我決定做拍賣時，她主動表示有興趣，希望學習產品營運和業務，完整負責一個服務。結果，她把拍賣做得有聲有色，擴張了雅虎的板塊，也鍛鍊了她全方位的管理能力。當我往亞太區發展時，我決定請洪小玲接任雅虎台灣總經理。

人才需要伯樂，但有時也需要為自己挺身而出，把握機會創造自己的職涯。

## 老闆的任務，是幫助部屬成功

我真心認為，我的同事在很多地方都比我厲害。主管愈是心胸寬大，愈能吸引優秀又有企圖心的人。有人會擔心，這樣的人會不會在下面待不住，甚至成為自己的威脅？我的經驗是，當你信任他、跟他共享願景、為他創造成長機會和舞台，讓他工作有成就感，而你又在上面一起頂著，幹嘛要背叛你？

況且，團隊的成果累積起來就是主管的成績，所以「只有部屬成功，自己才有機會成功」，這一向是我的領導哲學，而且這是不分地域、文化、國籍的。

當我接掌國際事業後，我建議整合所有美國以外的市場。當時負責歐洲業務的副總裁是個英國人，突然頭上多了個老闆，感覺我阻礙了他的前途，頓時情緒低落。我開誠布公地找他談，他也老實說出他的失望。

我告訴他，我的工作是幫助他在公司裡成功。他有點意外。我說，歐洲是國際市場最大的營收來源，他做得好，我才會做得好。我不會在他擅長的事上管他或搶他風采，反而希望他更早跨出歐洲市場，擴大影響力。我同時也點出他不足的地方，並且強調會協助他深入了解，這有助於打開他更寬廣的未來。他聽了非常詫異。休完一個星期的假回來後，整個人神采奕奕。沒多久，我把拉丁美洲市場交給他帶領，他也做出非常好的成績。

## 不要忽略文化適應與管理風格

當然，一路走來，我不是沒有賭錯過人。回頭省視，癥結大半出在後來的文化適應與管理風格，也是我前面所說的，最後彼此發現「不 fit」。

我曾經邀請過一位在產業很成功的經理人加入雅虎。他非常聰明，也很有策略性思考，但未能長久合作。

問題不是他的能力，而是管理風格。他對下溝通態度嚴厲，這在他過去的產業也許司空見慣，但雅虎的同仁習慣互相尊重平等的上下關係，對一位風格迥異的主管，嚴重適應不良。管理風格與企業文化都不是說改就改得了，最後弄得他和團隊都很挫折。

有一段時間，我特別想從中國挖人。我想中國的高速、競爭經驗可以對我們已經有點安逸的文化，帶來正面衝擊。這位新主管一來，立刻用在大陸習慣的高壓方式管理，一下子文化一百八十度大轉彎，團隊被操翻了，怨聲載道。狼性的競爭和管理手法，一不小心，不僅員工過勞，也容易破壞團隊間的合作關係，這和我們本來重視合作的文化嚴重衝突。

這些在用人時，輕看文化上的差異，以至於未能讓有能力的人在我們的環境中發揮的例子，教了我寶貴的一課。

當企業需要改變時，確實要有不同背景與文化的人進來，發揮鯰魚效應。但這得有計畫地進行，讓既有員工準備好面對改變。不然，舊文化會吞食他們或是造成太大的內耗損傷。就像是杜拉克說的：「文化把策略當成早餐吃掉了。」文化的影響太大了，再棒的策略、再厲害的經驗，文化不對，都無法發揮。

## 避開用人時會陷入的盲點

用人真的很不簡單。不只是初、中階主管，即使是高階主管都可能陷入徵才的盲點。我可以綜整出幾項誤區：

第一，找的人只要求符合目前職缺，沒有站在替公司整體人才培育的立場找人。

第二，平時不預備人才名單，急著補人時才開始找。一旦收到的履歷表有限，為了要有人做事，最後只好從中勉強挑一個。

第三，不敢用太有經驗或太強的人，覺得他會坐不住。結果需要五年經驗主管就找三年經驗的，整個團隊只會愈來愈資淺。

第四，沒想清楚工作職能、真正需要什麼樣的人，以及組織看重的人格與文化特質是什麼，導致面試問題沒有好好規劃，只問出很表面的東西。

第五，為了爭取人才，只跟求職者說好的一面，怕對方知道不好的地方，反而造成人才進入後期待落差太大。

如果現在你急需用人又找不到適任人選，建議你寧可去用暫時人力或是外包工作，不要濫竽充數。因為全職員工是公司寶貴的資產，必須認真看待。如果你不斷找能力只適合眼前工作的人，忽略了對方有沒有潛力，或是找進優秀的人，卻不給他更多機會去裝備他、挑戰他，一段時間後，你就會發現找不到接班人選。

這正是許多組織與領導者遇到的困境。要打破這個難題，我認為，關鍵在各階層主管敢不敢、會不會用有能力、有企圖心、比自己還行的人。

做主管的，記得打開你的眼光跟胸襟，做一個看得出人才、讓人才願意追隨的主管，願意跟你一起實踐目標，那才是你成功的時候。

# 15 中階主管比執行長更有影響力

在設計本書的管理章節時，一開始我就設定一定要有一章專屬於中階主管。中階主管非常重要，因為他的團隊比高階主管更貼近市場，所以對變化的敏感度跟判斷力猶如公司的雷達。也因此中階主管一定要自許，不只是扮演被動接收命令的角色，而是占有非常關鍵的位置。

另外，中階主管帶的團隊加總起來是企業內人數最多的，對執行有最直接的貢獻。就算領導者再聰明、有再好的策略，下面動不起來也沒有用。這是一個承先啟後的樞紐職務。然而，很多人在做的時候卻覺得非常痛苦，為什麼？

首先，上有主管、下有團隊，中階主管就像夾心餅乾。不管是經營方針、資源投放，還是發展走向的改變，中階主管未必有機會參與討論跟決策，但受到影響卻是首當其衝。特別是一些不受歡迎的政策，像是精簡人力、砍預算、組織改組、政策改變，中階主管通常只是由上而下被告知後，就要負責傳達，並且直接面對同仁的負面回應。真的就像處在壓力鍋裡，上下交相煎。

既要消化自己的情緒，又要照顧別人，難怪很多中階主管都像失去彈性的橡皮筋，常常處在非常疲累的狀態。

## 轉譯，是中階主管的要務

要打破這種溝通斷層帶來的困局、扮演好上下間的橋梁，我認為一定要在管理上懂得「轉譯」的功夫。

轉譯的第一步，是把事實和目的弄清楚。對於有疑問的事，要向上釐清。面對會有負面影響的決定或政策，不要害怕讓主管知道你的難處，也許會出現一些變通的做法。就算方向跟自己的期望不符，很關鍵的一步是，小心，不要進入一種「受害者」的心態。嘗試站在主管甚至整個組織的高度，打開心胸，認同從某個角度看，這個要求也必有它的道理。

自己先接受，再去向下溝通。如果你自己都不買單，就很容易表現出這種上面的人都不知民間疾苦的「受害者」態度，把事情導向對「人」的不信任，而不是對「事」的客觀理解。這樣的溝通是無效的溝通，也無助於事情朝向期待的目標進行。

好的領導，是願意接受挑戰，用你的角度轉譯訊息，幫助團隊理解為什麼，不被情緒綁架，以開放和建設性的態度去面對，這才是主管的價值。雖然我多年擔任高階主管，但上面還是有老闆，位置愈高，距離實際執行情況愈遠，承上啟下的領導工作反而更重。關於如何做好轉譯，我有很深的體會，這可能也是我自認為在變動的環境中做的最好的一點。

例如過去十年，雅虎經歷過多次併購，每次都是高階主管大換血，全新的人資制度加上新的組織認同。公司易主本應是人事動盪的時刻，但我的團隊始終很穩定，一路走來，不知道有多少人跟我說過：「Rose，只要你還在，上面換多少次都沒關係。你在，我們就可以繼續安心做。」

我能夠發揮安定力量的原因在於，我努力幫助團隊看到，這些變動帶來的不只是混亂，也帶來了新的機會。

2018 年雅虎要賣給 Verizon 時，很多人都覺得電信公司很官僚，文化跟網路公司不合。加上這是家美國電信公司，業務主要在美國，而我帶領的是海外市場，團隊都很擔心，我們會不會變成一個更「美國中心」的公司？

我第一時間就先跟高層確認這樁併購對海外市場的影響，確定不會有變動。想想，一個併購一定有它的利基，不然就不會發生。只是，站在不同立場解讀起來就不一樣。此時，領導者如何溝通就極為重要。我從三點切入：第一，雅虎加上 Verizon，在 5G 時代有很大的想像空間。第二，這麼多年來，為什麼公司沒辦法好好投資海外市場，很現實的因素是在美國沒有做好。換個角度想，如果美國藉由 Verizon 在行動市場的優勢有好表現，海外市場也會受益。第三，電信公司比較接受做長期投資，這也有利於打破我們只能著重短期發展的困境。

改變大家看事情的眼光和角度，化解掉當下的不安，讓團隊專注在他們能影響的事，這是領導者的修練，也是領導的價值。說實話，不管公司賣給誰，大多數員工的日常工作都不會改變，只是人性太容易受到負面假設的影響，搞得人心惶惶。

同時，高階主管要意識到，溝通斷層常常是中階主管感到無力的原因。因此在困難的議題上，自己不要躲在後面，應該站出來溝通，聆聽下面的問題，可以大大減少中階主管的挫折。

這也就是為什麼愈來愈多企業執行長選擇每個星期舉行全員大會，讓管理層可以直接和員工溝通重要訊息，減少透過層層溝通而遺漏、偏離原意。

所謂的轉譯不是硬掰，也不是要為公司所有的決策背書，我也曾經遇過大大小小我不那麼認同的決策，但是團隊愈懷疑，成功的機率就愈低。既然在大方向上，上層看到了那個價值，中層主管就帶著團隊一起把價值執行出來吧。

## 有穩定的中階主管，才有穩定的服務與執行

雖然大家都關注執行長、高階經理人的去留，但中階經理人的穩定度對產品服務品質的影響更為關鍵。

例如，雅虎在美國最受歡迎的服務是財經和運動這兩個頻道。雅虎財經兼顧專業與實用性，投資人必看，巴菲特一年一度的股東大會也由雅虎財經獨家轉播。而雅虎運動的夢幻球隊（fantasy sports）是市場領導者，十幾年來一直吸引各年齡層的人使用，連我十六歲的兒子也愛。

這兩個產品一直與時俱進，關鍵不是誰做執行長，而是有著最穩定的中階主管與產品開發團隊。當中階主管對做的事有熱誠、肯好好帶下面的人，就會有好表現，不論上面誰做老闆，優秀的中階主管穩定了，就有穩定、高產值的團隊繼續執行。千萬不要忽略了組織裡這群中堅分子！

同樣地，我看到各個海外市場，那些有著強烈使命感、高團隊向心力的團隊，自然反映在成果的表現上。不論是台灣、香港、

巴西，除了有優秀的總經理，這些市場的「組織腰部」離職率低、員工投入度也比其他市場高，中階主管的領導力與穩定性功不可沒。

中階主管是邁向高階主管的必經之途。但如今愈來愈多企業發現，「腰力」不足，中堅幹部出現斷層，成為共通的難題。

對新世代來說，覺得當主管吃力不討好，沒有吸引力，也是中階主管鬧人才荒的理由。類似的問題不只發生在台灣，最近日本的轉職網站進行調查，發現「不希望出人頭地」的年輕人竟然已經占了 77.6%，這個結果還登上了全日本新聞網（ANN）。

我就遇到好幾位新手主管說工作壓力很大，因為害怕自己能力不足、帶不好下面的人。有位表現優異的產品經理，晉升後兼帶設計師。他說：「我下面要帶兩個設計師，我又沒做過設計，要怎麼給他們職涯建議？」

當你成為中高階主管，一定會面臨下面的人比你更擅長他的專業。你不一定可以在專業上教他，但重要的是，懂得善用「領導的職務」幫下屬解決問題。

就像自己不懂設計師的生涯規劃沒關係，可以引介其他有經驗的設計師指導他，也可以尋求人資的建議。有時，下屬遇到的困難，只需要你替他挪去障礙，而不是直接教他怎麼做。懂得這一點，你就不會因為不能教下面每個人每件事，擔心人家不服你，而感到壓力超級大。

要知道，一個超能幹、樣樣都行的主管，不一定是屬下最喜歡的，有時反而會讓下屬沒有發揮的空間。反之，一個能激勵人心的主管，往往是關心員工、鼓勵員工，讓他們有歸屬感的人，這樣的團隊不只是員工的投入度更高，表現往往也更好。

蓋洛普曾做過一份企業員工敬業度 Q12 調查（engagement survey），經過全球超過十萬個團隊多年驗證，十二個組織行為問題的結果和績效息息相關。有意思的是，沒有一個是和主管的專業能力相關，其中，「我覺得我的主管或同事關心我的個人狀況」、「在工作中，我覺得我的意見受到重視」、「在過去的七天裡，我因工作出色受到表揚」、「工作單位中有人鼓勵我的發展」，這些項目都和直屬主管的帶人態度密不可分。所以，在管理工作上，懂得待人處事往往比專業能力更顯得重要。

在壓力下，要能「好好待人」，主管有一個必學的功課就是「情緒管理」。許多人工作挫折的最大來源就是老闆的負面情緒。

Verizon 的執行長漢斯．衛斯柏格（Hans Vestberg）領導一、二千億美元市值的公司，壓力當然很大。他說，領導就像任何一項技能，可以有紀律地學習訓練，包括情緒管理，因為領導者每天的情緒對決策品質和團隊士氣都有直接的影響，不能忽視。

他分享一個執行了十年的情緒管理的做法，我覺得很棒。他每天會為自己一天的情緒打分數，記在 Excel 表裡。每星期，他會回頭看這些分數，特別檢視高和低的日子，想想那一天發生了什麼事，找出影響情緒的原因，再去改進。這讓他不斷地自我省察、了解自己，提升以樂觀正面回應的能力。

## 比執行長更重要的角色

有時中階主管會因為下面的人來來去去而覺得挫敗、自責，但對這一點，經歷了無數的人事變動後，我反而很想得開。

同仁離開了，就等於自己的人際網絡也跟著向外擴張，只要是好聚好散，日後都會變成四面八方的「兄弟姐妹」。這樣想，就不會為人事那麼揪心、糾結。

最後回到這一章的標題，也是我深信的：中階主管比執行長更能決定員工的去留。

每年做員工滿意度調查，不管對公司的前景、執行長的看法如何，只要問到「你的主管願不願意花時間在你身上」、「有沒有給你即時回饋與獎勵」、「有沒有清楚的目標」……如果這些項目分數高，通常員工都會繼續留下來。因為，中階主管才是真正左右員工每日甘苦的核心人物。

成就團隊，是需要學習的。以前，你的快樂可能是來自看到自己做的成果，成為主管之後，要學會看到別人的成長，透過他們一起來完成使命，並為他們鼓掌。

如果你正在中階主管的路上，希望你體會到不只是身為夾心餅乾的無奈，而是承上啟下能發揮的影響力，預備你成為更成熟的領導人。

# 對溝通，<br>Rose 既擅長也用心

**—— 陳琚安 安智數位轉型顧問**

我跟 Rose 在雅虎台灣共事了十七年，如果不是因為她離開，我可能還會繼續做下去。

Rose 是個很擅長溝通的老闆，她能夠很具說服力地把願景傳遞給很多人，包括她的老闆和團隊。即使是簡單的東西，她都能說得很有魅力。過去幾年，她帶領的團隊愈來愈大，負責的市場愈來愈多，她的溝通長才可以跨越國界與文化，成為她的利器。

關於想像未來的能力，優秀的領導者之間可能差異不大，但是能讓多少人了解，這就落差很大。有些領導者只能讓自己的想法變成白紙上幾句話，但一般員工覺得跟自己沒什麼關係。Rose 卻能用很清楚的語言、激勵人心的願景，讓每個人知道未來要走的方向，以及為什麼要往那裡去。

她的善於溝通，固然有其個性特質，但也因為她很用心跟努力。

過去這十年，其實她的角色很辛苦。公司經過幾度整併，上面的管理階層有非常大的轉換。碰到變動，難免人心惶惶，包括她自己也是在很大的壓力下，每一次都等於要適應新的老闆跟同儕。儘管如此，Rose 經常飛到美國，跟總部當面溝通和建立關係，對接兩邊的需求。一回來，她就開全員大會，分享她聽到的、看到的，以及她的觀察和信念。因為看到她的投入和相信，做為她的團隊，也就跟著生出信心，安定下來。

只要能溝通，Rose 幾乎不放棄任何機會。在外商公司，人員來來去去其實是家常便飯，可是在她的團隊中，有很多做了十多年的主管，其實這很難得。

Rose 很會說，但她也是個很好的傾聽者。大多數的狀況，她喜歡蒐集不同的聲音，鼓勵大家共同下決策。在雅虎台灣，每個月都會舉辦一場員工大會，所有人都能參加並提問，也可以針對關心的話題投票，表達意見。由執行長直接面對第一線同仁，就算是一些尖銳的提問，Rose 毫不畏懼，她的管理風格是非常公開透明的。

我開始深刻地認識 Rose，是在雅虎台灣決定併購無名小站的時候。不管是無名小站天生「反骨」的文化，或是後面比較複雜的股東結構，都讓我們覺得對方不會同意，也做不成。當時正是 Rose 懷孕的時候，一直到她進產房，手上都拿著電話。她的使命必達，還有用她的誠意打動無名小站創辦人簡志宇、小光的過程，讓一件所有主管本來都認為「不可能」的事，真的發生。

其實，說雅虎台灣是網路界的人才培訓班，絕不為過，很多現在檯面上的大將，都是從雅虎台灣出去的。這也是 Rose 另一項本領，她能夠將各種不同特質的人聚在一起合作。

Rose 對雅虎台灣的影響，還包括文化的塑造。我印象很深刻，有一次雅虎創辦人楊致遠到台灣，和我們相處了幾天。後來，他說：「I found the long lost Yahoo spirit in Taiwan.」（我在台灣找到失落已久的雅虎精神）當美國雅虎因為組織愈來愈龐大，不免也逐漸失去原來的創新、熱情、友善等元素時，他反而在雅虎台灣找到了。

這雖然已經是十多年的往事，但相信這句話也是對 Rose 帶領台灣團隊最好的肯定吧。

# 16 每個聲音都值得被傾聽

2022 年，《牛津字典》選出的年度關鍵字之一是「哥布林模式」（Goblin mode），翻成中文，意思就是躺平、擺爛、不想努力了。新興的類似詞彙還包括「安靜離職」（quiet quitting），描述的同樣是年輕人不想為工作付出、在職場上只想得過且過的現象。

雖然有很多評論說，時代更迭，新世代追求不同的價值觀，這些現象很可能成為常態。但如果問我，我更傾向相信，只要可以，其實每個人都希望擁有全心投入的快樂。而且全心投入不代表過勞，是一種自我實踐的滿足與成就感。

無疑地，員工投入程度愈高，工作和績效表現會愈好。但要如何讓每個人都覺得被接納、尊重、有安全感，且保有個人的差異性所帶來的價值？這也就是新時代主管的必備素養：創造一個多元、平等、共融（diversity, equity and inclusion，簡稱 DEI）的職場。

## 新時代主管的課題：創造多元共融

多元代表企業員工的豐富性，包括多元性別與種族、文化、宗教、年齡、政治傾向背景等。

平等指的不是齊頭式平等，而是考慮每個人的不同起點，分配資源與機會，讓個人能力充分發揮，達到真正的公平競爭。

共融則是反映出各種不同背景的員工是否都能被接納、發揮自己。例如，原住民或新住民的員工是否能不掩藏自己，也不用害怕遭到排擠。

上帝造我們不同，一定有祂的用意，這世界本是多元的。但長久以來，不同帶來的往往是排斥、歧視。當非裔美國人喬治·佛洛伊德（George Floyd）在 2020 年被一位白人警察壓迫頸部窒息致死時，種族歧視的問題引發多起暴動，讓全球對消弭歧視更加重視。

職場上，長久以來存在著因種族、性別等差異所造成的機會、待遇不公平，以致許多工作場域或職務一直欠缺多元性。

以性別來說，許多製造導向的企業，或許整體員工男女性別占比差不多，但是女性多半集中在低中階職務，愈往上就愈稀少。

或者女性僅在某些職務受重用，像是財會、人資、行政，但是業務、產品研發、高階主管就很少。當然也有些行業正好相反，媒體、廣告、出版、美容等，則是女性當家。

以前我去矽谷出差，就發覺科技公司裡幾乎都是白人、亞裔、印度人，很少看到其他有色人種。過去大家習以為常，認為這反映的就是人才市場的現狀，人才供應也因此繼續不健全的發展。然而員工組成多元，才能帶來衝擊與新鮮的視野。如果一個產業、企業，都集中用同一類型的人，同質性過高，很容易暴露在決策不夠周延的風險中。更何況我們現在要解決的，很多都是以前沒有的問題，又怎麼能繼續用過往高同質性的觀點來面對呢？

在當前不穩定的經營環境中，風險管理對於增加企業韌性和永續經營更顯重要。這時，女性重視團隊協力、願意聆聽溝通、靈活有彈性的特質，可能更有領導優勢。

要改變現況，一開始的確需要更用力。矯枉，應該要先歸正，並且從公司最高治理單位開始要求。

近年，許多政府、證交所、投資機構開始要求企業的董事會，必須納入女性或少數人種做為董事，並有最低門檻。歐盟更在 2022 年通過一項劃時代的法令：2026 年起，企業董事會成員必須至少有四成是女性。我服務的台達電董事會，非常積極擁抱性別多元，這兩年就增加了三位女性董事，讓不同聲音進入公司最高決策過程。

同時間，美國的大企業，從華爾街到科技業，興起了「多元長」（Chief Diversity Officer，簡稱 CDO）這樣的新角色，把 DEI 拉到策略推動的高度，加速落實多元平等共融的職場環境。做這麼多，不只是因為這是「對的事」，也是對企業「有利的事」。

研究證實，DEI 會為企業帶來更好的獲利。麥肯錫顧問公司針對三百六十六家美國、加拿大、英國上市公司的調查指出，在性別與種族多樣性指數排名前四分之一的企業，財務獲利比業界中位數多出 15% 到 35%，同時研究小組也發現，企業一級主管團隊的種族多樣性每增加 10%，公司的稅前利潤就會增加 0.8%。

儘管 DEI 能帶來很多好處，但要實踐並沒有那麼簡單。最大的難題，莫過於先能夠有意識地發現我們的「無意識歧視」。

## 發現你的「無意識歧視」

先承認我們每一個人都是有歧視的，這是關鍵。幾年前，當國外正沸沸揚揚地討論 DEI 時，我聽到的第一個直覺反應就是：

我們沒有這個問題。

例如雅虎台灣，男女性別幾乎各占一半，我想，我們很公平、也很尊重員工啊，難以想像有任何歧視存在。然而，令人驚訝的是，當我們針對所有員工進行調查，問他有沒有這些經驗，包括開會時說話經常被打斷？在一群人中，老闆的眼神只集中在某些人身上，卻不看你？發言時，總是被別人搶先？覺得自己是群體中的少數，所以意見被壓抑、習慣保持沉默？這些不受尊重、被忽視的感受，幾乎每個人都有，包括我自己在內。看似微不足道的感受，不斷累積，員工漸漸就會產生失落感。

歧視確實是存在的，只是我們有時不自覺，這就是所謂的「無意識歧視」。而當中最弔詭的是，我們一方面因為感受到被別人歧視而不快樂，另一方面，又習慣戴上有色鏡片看別人。

我在雅虎工作時，曾經聽內部的 LGBT 社團分享過一件事。有一次開會，一位同志男同事先進來坐，然後換了個位子。後來另外一位直男同事進來，知道是他坐過的座位，直接跳過那個座位不坐。這件事讓這位同志同事非常受傷。

諸如此類的例子，我們可能什麼話都沒有說，但行為已經表露出歧視的訊息而不自知。這是為什麼我說要先承認自己有歧視，意識到之後才能自我覺察，然後改變。畢竟從人性的觀點，人都傾向靠近跟自己相像的人，覺得溝通、相處比較容易。要了解並接納跟自己不一樣的人，確實是需要投入心力的。

國外在討論這些現象時，往往集中在少數族群，但最近我參加一場國內研討會，會中指出，台灣職場感受到無意識歧視的工作者，很多是年輕人。當年齡和資歷是造成歧視的原因時，也就不難理解，為什麼那麼多年輕人覺得在工作中難以發揮了。

## 從主管以身作則，帶動串聯

雖然各種 DEI 的評估都是用數字來呈現，但我聽過一個更適切的比喻：職場環境像是一場派對，你希望自己不只是被邀請，而且在那裡感到自在、受歡迎。如果派對裡都是男生，只有你是少數女生，要在男生的圈子裡自在做自己，恐怕很難，要不是感到被冷落，就是得整晚配合男生的話題，最後你一定感覺很累。

職場也是如此。當一個人感到被歡迎、被接納，不僅更投入，也更敢展現「完整的自己」，包括生活中其他面向造成的影響。

有一次，我和幾位員工支持團體的負責人聊天，一位男同事說，他的孩子需要早療，他過去每個星期都需要請假幾小時帶孩子上課。當他的主管知道他請假的原因時，不僅主動關心他，並建議他調整上班時間，就不必請事假了。他很感動，自此他不再隱瞞家裡的狀況，並且開始成立支持團體，幫助其他有類似狀況的同事，互相分享經驗。

當我自己第一次婚姻失敗，帶著羞辱不安走進公司，也是公司、同事溫暖的接納、安慰、鼓勵，讓我不因為離婚者的標籤感到挫敗，重新站起來。

若是每個職場人不再因為性別、膚色、年紀、階級或遭遇，而能完整地被接納、被鼓勵，甚至受到歡迎，我相信這就是一個美好共融的工作環境。我們能怎麼做，去創造這樣的環境呢？

團隊主管的行動是很具影響力的，可以帶頭展現尊重每個小族群，以身作則。有一次，雅虎的 LGBT 社團設計了一條彩虹色的識別證掛帶，放在我桌上。我在員工大會時把這條掛帶戴在身上，會後，我收到一封感謝的郵件，那位同仁看到我公開表示對他們的支持，感到暖心。

此外，主管要特別留心團隊中少數成員，給他們有安全發聲的機會和管道，不被埋沒。

有一次，我造訪國內的一家製造業大廠，分享女力議題，現場多數是女性，氣氛很溫暖很安全。最後提問的那位女員工，說她是生產線上唯一的女督導，老闆和其他上百名產線督導都是男性，她該如何在這樣的組織脫穎而出？

我相信，這是她第一次公開說出她的掙扎，當場就有另一位女性舉手說：「我也一樣。」演講一結束，兩人馬上給彼此一個擁抱。平時她們不認識對方，直到透過這個場合才知道。儘管各自在不同單位，卻都感受到一樣的孤獨。

當少數人散落在各處，孤掌難鳴，他們可以發揮的力量也因此被削弱了。我們要特別留意，幫他們串聯起來，一群人就不再那麼無力。

幾年前，雅虎在推 DEI 時，設計了一個叫「狼群」（Wolf Pack）的計畫，目標是全球的中階女性主管，我們推薦台灣一位女性技術主管參加。起初，她覺得工作很忙，多一事不如少一事，有點意興闌珊。等到參加幾次後，她才發現，很多國外的女同事都有受到不公平對待的經驗，內心很受傷。她體會自己在台灣很幸運，但也意識到，那些沒有她這麼勇敢的女同事，可能常常感受到壓抑。她參加這個方案之後，不僅更積極、更有企圖心，也開始主動在台灣推動女性員工連結、成長的活動。

女性議題之外，我們在亞太區也讓年輕人才組成跨國的任務編組，由他們主導幾個專案。我發覺，這群人一旦被重視，那種被肯定的激勵會驅動他們團隊合作，展現超乎預期的表現。一隻狼勢單力孤，但當變成一群狼時，就會集合力量，不再畏懼。

## 從雇用開始改變，創造多元

要打破現狀、增加中高階職務的多元背景，企業必須從雇用員工這一步就開始，給予各種少數族群更多機會。

當然，有人可能會問，這樣做不是很刻意嗎？相對於其他的「大多數人」來說，不也是一種不公平？但回歸到本質，如果你真的相信 DEI 是有價值的，就會知道這「不自然」的選擇有其必要性。唯有如此，才能讓少數族群有機會凝聚成力量，發揮多元的價值。

公司可以考慮這樣的做法：例如在第一關過濾履歷時，資料不顯示性別、種族、婚姻狀態等，這樣任何一種族群都不會受到打壓，好讓候選人中有一定比例的多元背景。

其次，面試時不要根據性別／族群做出假設，例如不預設女性必然會因為結婚生子耽誤工作，甚至中斷職涯。

第三，組成多元的面試團隊，以消除無意識歧視，與潛意識中根據性別、種族等條件形成的推斷或偏見。

最後，面試主管應該要自我提醒：想想如果在你面前的候選人，換做另一種性別、族群，你會不會有不同的看法跟結論？

想要帶出高度投入、有生產力的團隊，DEI 已經是主管必須練成的新管理肌肉。

如果你是少數員工，遇到歧視、不公平，或是感到不舒服的情境時，也需要勇敢為自己發聲。DEI 並不是要去創造對立，相反地，它的終極目標是要每個人都覺得自己在團隊中是舒適的、受歡迎的，這樣才可能全心投入，真正地「活起來」。

每一個人都是獨特的，每一個人的聲音都值得被傾聽、重視。當我們打開同理心的天線，用五感去留意別人的感受時，你也會同步感受到被重視的喜悅。將心比心，推己及人，這正是 DEI 的精神所在。

第四部

# 從意義中發掘力量

「萬事都互相效力，叫愛神的人得益處。」
《聖經》羅馬書 8 章 28 節

# 17 挫折帶來的祝福，遠多過失去的

我在三十五歲那年認識了主耶穌，半年後就決定受洗，成為基督徒。那年正是 2000 年千禧年，也是我進入雅虎的那一年。從此，信仰就成為引領我工作與人生最重要的一股力量，一路至今。若是沒有基督信仰，我想我今天會是一個很不一樣的人。

人活著到底幹嘛？拚命工作究竟是為什麼？每個人都會面對這些問題。這時如果沒有一套中心信仰，你就會不斷去衡量收穫和付出間是否值得。當你對付出與收穫兩者的對價關係不滿意時，就容易陷入失落。在我年輕還沒有遇見神之前，我也跟一般人一樣，追求的是大家所謂的成功。因為所有的肯定都來自別人，結果愈往上走，得失心愈重。

我三十二歲在 MTV 做了總經理，外人眼中，覺得我頂著高學歷、年紀輕輕就坐上大位，堪稱人生勝利組。然而，不管工作多有趣、多有成就感，在我心裡，還是有個空洞不滿足，尤其在熱鬧喧嘩過後，感到特別孤單。

隨著責任愈大，工作壓力也愈大，個人經驗有限，身邊也沒有人商量，要想掌握看不見的未來，我變得非常迷信，熱衷算命、看風水、特異功能。奇怪的是，不管怎麼排、怎麼算，我就是感受不到平安篤定，沒多久，又想去問另一個。

有一次，晚上加完班，走在馬路上，忙了一天，一陣空虛寂寞感襲來，走著走著，我竟然大哭起來。所謂的勝利組，過的其實是比較級的人生。表面上看起來光鮮亮麗，但沒有人知道我的內心彷彿有一塊空白，是再多的物質、再熱鬧的生活也填補不起來。直到 2000 年成為我人生的分水嶺。

## 在教會得到前所未有的慰藉

走進教會，是個意外。當時我正好剛進雅虎，看似成功轉戰當紅的產業，但自己也沒把握可以帶領一個科技公司，很多人都在看，內心有滿大的壓力。

雖然才三十多歲，但我已多年為背痛所苦，每當聽說哪裡可醫治腰痠背痛，我必定前往一試。有一天，我大姐跟我說，聽說有一位會治背痛的牧師，叫我跟她一起去看看。

結果，我跟姐姐來到一處地下室的教會。我抱著「掛急診」的心情，根本沒專心聽台上說些什麼，一心只想趕快結束，牧師可以快點替我醫治。

這位牧師就是電影《收刀入鞘》的主角、人稱「黑道牧師」的呂代豪。當他替我按手禱告時，牧師說，他看見懸崖邊上有一棵孤伶伶的樹，鳥在上方盤旋，感覺非常孤獨徬徨。

幾句話道盡我的心情，瞬間淚水如傾瀉的洪水不停流下。這次流淚讓我感到完全釋放，像是孩子依偎在母親的懷裡。

原來，一位我不認識的上帝卻如此了解我。上帝就是我一直在找的力量，是了解我一切軟弱驕傲、完全接納我、不會離棄我，永不厭煩教導我、幫助我的那一位。那天踏進教會，並不是「意外」，而是我終於走向一直都在那裡等我的主耶穌。

就這樣，2000 年我信了主，成為基督徒。不是我選擇了一個宗教，教我自修行善，而是與神開始了一個愛的關係，在這關係中不斷地改變，更新自我。

我開始在很多地方觀察到自己的改變，信而得救，變成非常真實的經驗。比如，我以前最喜歡看血腥的恐怖片、愈可怕愈好。奇妙的是，我剛信主沒多久，看到電視上播恐怖片，我竟感覺很不舒服，立刻轉台。

「鄒開蓮，你怎麼會轉台，這不是你最愛看的嗎？」我問我自己，但那種厭惡、害怕的感覺，讓我完全看不下去。神讓我對這樣的題材完全失去胃口。而我從前很喜歡的夜生活，也在我信了主、進入雅虎之後，生活重心改變，變得完全失色。

我發現，我對爸媽說話比以前有耐性。似乎，我更能體會那些噓寒問暖、甚至嘮叨的背後，有一顆愛我、捨不得我的心。

過去想改都改不掉、想做卻做不到的改變，很自然地發生了。而且，我再也沒興趣去算命了，我知道帶領我前面道路的是誰。

## 靠著信仰，我走過婚姻的打擊

並不是信了主以後，有神保祐，凡事就平安順利。剛信主，我的第一次婚姻就出了大問題。

同樣在 2000 年，一個高中時代追過我的男生突然再度出現。他和我截然不同，我們的個性、經歷、興趣都不一樣，在我生活中也很少碰到這麼自我的人，我卻被這些不同吸引。即使我感覺他像是一團迷霧，讓我很多事看不清，也有人勸我再多考慮，我卻任性地決定和他結婚。很快地，他隱瞞我的事一一爆出來。我知道，我做了一個錯誤的決定。

我經歷了兩年如同八點檔連續劇那般戲劇化的婚姻情節。欺騙、外遇、遭人恐嚇。平穩順遂的人生，突然丟來一個瘋狂的變化球。白天忙著雅虎跟奇摩併購後的整合，晚上常在無助和眼淚中入睡。很多事難以跟人說，只有靠著天天禱告，求上帝改變他、保護我，救我脫離風暴。

前夫出軌，被《壹周刊》狗仔隊拍到，成了八卦新聞。雖然這是一個很難過也很難堪的事，卻讓我醒過來，決定離婚。

靠著信仰，我走過婚姻的打擊。在《聖經》裡、一次次的禱告，神都向我表明，祂很愛我，祂永遠不會拋棄我。我經歷《聖經》上說的「日子如何，力量也如何」，讓我有勇氣去面對。很快地，我心中的受傷、苦毒、羞辱不見了。省查內心時，主耶穌讓我看到自己的任性、虛榮、驕傲，要不然我怎麼會盲目地嫁給他。我不再埋怨前夫，也不把自己當成受害者，我反而看到那「化了妝的祝福」。

過去，我把別人對我的愛視為理所當然。情感受打擊後，主打開了我對愛的關係的感知，我能真切感受到周遭人對我的關心，深深地感受到被愛。

我的父母心疼我，卻沒有一句譏諷、責備的話。我以為我早就長大了，原來我一直都活在他們的避風港裡。

離婚後第一次進辦公室，桌上擺著一個玻璃缸，裡面全是同事們寫給我鼓勵的話，和一大盆大家為我祈福所折的紙鶴，我眼淚立刻流下。一位關心我的好同事，甚至自願搬來我家陪我，讓我不孤獨。外人與媒體的議論，很快船過水無痕，不再能影響我的內心。

以前人家覺得我從來不知道什麼叫失敗，發生這件事之後，大家忽然覺得我不再高不可攀，原來，我跟大家一樣，也會摔個狗吃屎。拿掉距離感，別人反而更敢親近我，跟我分享他們的軟弱，先生有外遇、孩子生病等問題，我會為他們禱告。那個鋒芒畢露、意氣風發的鄒開蓮，變得柔軟了，不只關心事，更能感同身受，看到別人的需要。一個挫折，帶給我的禮物，遠遠多過我失去的。

當我做了媽媽，更能以母親的心情，理解天父跟我們的關係。天父愛我，但不是溺愛，是把所有障礙移開，讓我們暢行無阻，隨心所欲。

就像做父母的，看著孩子跌跌撞撞學走路，就算可能會摔跤，也要克制自己，不要去扶他。因為跌了幾跤，再站起來，孩子才能真正學會走路。同樣地，天父的愛，是在我經歷困難時，知道祂的眼睛從來沒有離開過我。即便祂讓我摔一跤，都是因為祂知道我能夠從這一跤中學到東西。

《聖經》裡說：「應當一無掛慮，只要凡事藉着禱告、祈求，和感謝，將你們所要的告訴神。神所賜、出人意外的平安必在基督耶穌裡保守你們的心懷意念。」

這是信仰給我的信心和希望，是真實可以經歷的。

## 《聖經》裡的智慧，陪伴我每一天

自從認識了主，我最常讀的書就是《聖經》。不可思議，這本兩千年前就寫下的典章與紀錄，竟然有我今天一切生活和工作需要的智慧和準則。每次讀，都有不同的領受。透過天天讀經和禱告，我和天父的關係愈來愈親近，照著祂的教導去做，就看得到奇妙的改變。

**「你要專心仰賴耶和華，不可倚靠自己的聰明。」**

箴言 3 章 5 節

想想，工作順利與否，有太多不可控的因素，不是靠自己努力就可以的。但是，過去不知道大小事都可以求主的幫助，壓力就都跑到自己身上，工作愈來愈累。

信主以後，我每天上班一進電梯，在一天的開始，心裡就默默禱告，歡迎聖靈進入公司每個角落，祝福每位同事。開會前，我也會抓住幾十秒空檔禱告，求主賜下一個有建設性的會議，並且把有智慧的話放在我的口中。不管什麼事，當我邀請主一起，自己好像更有力量，壓力、擔憂也減輕許多，往往有更好的效果。

**「愛人如己。」**

馬可福音 12 章 31 節

耶穌說這是所有人際關係中最重要的誡命。一天，秘書進辦公室和我說話，我通常都是一邊繼續做我的事，一邊搭話。突然神提醒我，她是我工作最密切的夥伴，而我的態度竟然這麼隨便。於是，我趕快放下手中的事，停下來，專心聽她說話，改變了我以前的壞習慣。聆聽就是尊重，尊重就是愛。

其實，職場的人際關係，不論向上管理或是帶領人，愛人如己的態度，就是你想別人怎麼對你，你就怎麼對人。這是我多年學習到，簡單卻最有用的領導哲學。

**「日子如何，力量也如何。」**

申命記 36 章 25 節

不論這一天有多困難，感到多疲累軟弱，這句話常常鼓勵我，主絕對給我足夠的力量去面對它。

有段時間，公司執行長頻換，業績下滑，很多事該做卻無法做，動彈不得，那是我在工作中最灰暗的時候。我問主：「我好無力，主，我能做什麼？」過去我看自己是個戰將，當陷在失控的戰場時，覺得很沮喪，失去了動力。神引導我體會，一個領導人的價值不只在乎外在的輸贏、成敗，而是面對困難時的態度。當別人都不看好的時候，我能不能幫助大家走出失望與負面情緒，學習「捨」、聚焦，鍛鍊新的管理肌肉，建立信心，感受工作的價值，領受逆境裡的禮物。

**「我靠著那加給我力量的，我凡事都能做。」**

腓立比書 4 章 13 節

每當我遇見挑戰，擔心憂慮時，抓住這句經文，就讓我感受到上帝在我的背後。或許我覺得我沒預備好，如果是對的事，靠著祂，我可以無所畏懼地去面對。許多打破框架、走出舒適圈的事，就一一成就了。

每天，我求主更新我，賜給我從上面而來的眼光和力量，打起精神、鼓起勇氣，因為祂是我智慧和力量的源頭，靠著祂，我能做的，超乎我的想像。

## 學會感恩與謙卑

我深信，上帝在每個階段給我不同的挑戰，都是為了練就我更成熟的品格。

《聖經》上說，「萬事都互相效力，叫愛神的人得益處。」只是，一般的價值觀往往是二元論，贏或輸、富與貧。職場盛行的價值觀，總是教我們要比較、要搶先、要贏，要把自己武裝起來，不輕易示弱。但我非常感恩，在過去這二十多年中，因為有了信仰，我對「人定勝天」的這種驕傲愈來愈少，反而更謙虛。

我想，當初我一個毫無技術背景經驗的娛樂媒體人，進入網路公司，意外地，竟然跌破眾人眼鏡，還做出一些不錯的成績。正是驗證了，成功不是只靠人的能力才幹，有看不見的主運籌帷幄，加上天時地利人和，才有所成就。所以成功不必自誇、驕傲。反之，當事情不盡如人意時，也不必太苛責自己。

這樣的改變，讓我不論從工作的成就感、到工作的目的是什麼，定義都不再相同。花這麼多時間在工作上，其實真正的價值無非是能不能問心無愧、對人發揮正面的影響力。

我的心在改變，變寬了，對人的彈性跟包容度都變大了。所以回頭來看，對工作、對家庭，我真的不知道如果沒有信仰，我會變成什麼樣的人。

認識主耶穌，是我這一生白白得到最大的禮物。

# 18 愛，是一種決定

這些年，大家工作愈來愈忙，很多人問我，女性主管如何在工作、婚姻與家庭間取得平衡。許多女性即使有伴侶，也選擇不婚、不生。曾幾何時，婚姻與小孩，不再令人嚮往，而成了負擔。我也曾經有過這樣的想法，當我在工作上發展得愈順利，愈獨立，婚姻似乎離我愈遠。

全心投入工作，是晚婚的理由之一。二十歲到三十歲之間的女性，善用細心、負責、溝通的特質，再加上努力與企圖心，很容易在工作上有表現。這個階段，工作帶來一種「成就感的甜蜜試探」，會想繼續投入更多時間，獲取更大的成就感。

相對地在感情上，不見得投入就有回報。使得表現優異的女性，很容易被工作成就感牢牢地吸住，愈往上走投入愈多，愈放不下。愛情、婚姻，成了可有可無的事。

我自己就是這樣。尤其是完美主義作祟，就算一天工作超過十個小時，連週末也用上，還是常常覺得：「這些事我應該能做得更好。」忍不住再多想一下、多做一點。但是這種使命必達的決心，卻沒用在規劃自己的終生大事上，結果只有老闆最愛我。

## 挫敗的婚姻，讓我看清愛的本質

二十幾歲時全力衝刺，但到了三十歲，我開始有感了。因為我並不是一個獨身主義者，在我從小對未來的想像中，我是有家庭、小孩的。進入這個階段，我有了一種很強烈的感覺：我要找一個對象結婚。

過去雖一直有交往對象，但我總是挑三揀四或出去幾次就不來電了，因為我也不知道我在找什麼樣的對象。一天，非常意外地，一個高中時代就認識的男生突然在我面前出現。正因他和我過去交往的人都很不一樣，我以為那種新鮮又帶著熟識的感覺是愛，再加上三十六歲了，很快地我就決定和他結婚。

如同我在前面章節所說，我的第一次婚姻失敗，只維持了兩年就離婚。

我成長在一個單純、健康的家庭環境裡，離婚對我來說是很大的震撼。一個挫敗的婚姻讓我認清，要找一個一生的伴侶，你的對象跟你之間，不能只看表面的條件是否匹配，更不能靠一時戀愛的感覺，而是兩個人要真的能在一起生活，能培養足夠的信任，順境和逆境時，都願意把自己敞開，交給對方。

離婚之後，我看了一本書《兩次約會見真章》，它教讀者寫下一張「擇偶清單」，列出覺得另一半非有不可的特質，跟絕對無法忍受的缺點。經過一段挫敗，我發覺我真正在乎的並不是那些外在條件，而是他是否真誠、有上進心、有開放的心態、愛我也能愛我的家庭……我把這些一條條地列下來，希望和具備這樣性格的人共度一生。

有意思的是，我們心中理想的對象，通常和自己很像。因為和一個相像的人，相處起來比較輕鬆自在。但是，人往往會被自己沒有的特質吸引。

談戀愛時，覺得猜他在想什麼，魂縈夢牽，是個浪漫的事。殊不知，真正生活中，面對一個不願意真實表達自我的配偶，溝通碰壁，是很痛苦的。所以，要在自己「清醒」的時候，好好想清楚，究竟想和什麼樣的人一起生活。想清楚之後，你就會知道，一個男生有沒有 180 公分的身高也許不是那麼重要。

把期待具體化之後，一旦這個人出現，我就可以知道他是對的，而不再被自己的「感覺」弄昏頭了。這對我真的很有幫助。我們常會因為一些小事或是「感覺」，左右了判斷，內心開始產生疑問。但如果你知道他是「對」的人，即便遇見波折，你會更願意努力，回到初心。

很幸運地，竟然一年後，我的先生出現了。他真的很接近我期待的對象，而他也曾離過婚。我四十歲那年，我們一起勇敢地再次進入婚姻。

## 懂得在「職場」與「家庭」兩種模式中切換

我先生和我的個性很像，我們都來自溫暖的軍公教家庭，都很外向樂觀。最棒的是，當他也信主受洗後，我們有共同的信仰，價值觀接近。

雖然我們在職場都很忙碌，各有一片天，但結婚後，我們不想只各過各的生活。我們一起參加教會夫妻小組、一起參加企業人士的社團，盡量加入彼此的朋友圈，因此我們一直有共同的話題。我以前沒那麼喜歡打高爾夫球，但他喜歡，我就願意陪他一起打，不怕太陽曬。我習慣每個星期天中午回爸媽家吃飯，他也樂意陪伴。

雖然我們都離過婚，我跟他說，「這次，我絕不離婚。」我們都想建立一個美滿的婚姻，全心投入都不容易做到，如果任何一方以為婚姻可以「合則來，不合則去」，可想而知，成功的機率會有多低。所以，我們一開始就拿掉這個選項，下定決心讓婚姻長久。

許多現代的夫妻，為了有更好的工作機會，不得已選擇分居兩地，時間久了，夫妻關係也淡了。我和我老公說好，我們不要分開。像我經營亞太市場十年，大可搬到新加坡住，但我一直選擇留在台灣。我先生也曾有去香港工作的機會，但我們都決定放棄，就為了夫妻不分隔兩地。這些也許犧牲了職場的機會，卻讓我們有了完整的家。

我先生對孩子說過，我先愛你們媽媽，再愛你們。不開玩笑，他真的把我放在關係的第一位。我相信他這麼做，不是因為我做了什麼「值得」如此，而是他的「選擇」。這個選擇，建立了婚姻裡的安全感。

其實一個家庭，最重要的就是夫妻關係。工作是很清楚的目標導向，以成果為優先，可是婚姻或家庭不是這樣。它唯一的價值就是關係，是以愛為出發點的關係。

職場訓練我們、給我們價值觀，但不能直接移植到家庭用。工作是條件式的關係，如果你做得好，我就給你獎勵；做得更好，我就給你更多。如果用這種角度來看婚姻，心中第一個冒出的問題就會是：為什麼我付出這麼多，你付出這麼少？你要上班，我也要上班，為什麼回家以後還都是我的事？

所有人際關係的殺手，就是比較。一旦所有問題都拿出來比較，就會覺得不公平。出現怨懟後，就很難包容欣賞，也愛不出來了。另外，我們也會不小心把職場裡習慣的工作方式帶回家裡，不知不覺地把夫妻、兒女也放進目標管理。在腦海裡，把一個期待的美滿家庭圖像當成目標，用來檢視另一半和孩子的表現，期望家人和自己應該是如何。目標管理，不僅沒有用，還會是焦慮衝突的來源。

剛進入婚姻生活時，我曾經也掉進這樣的魔咒裡。即便回到家的時間已經很晚了，每天只有幾小時和家人相處，還是會習慣性地要去「解決問題」。

一進入家門，還背著工作壓力，上班習慣「看問題」的偵測雷達也還開著，看到老公、孩子什麼沒做，就一定要指出來改進，弄得大家關係緊張，我也經常發脾氣。

我忍不住問自己：我們家到底是避風港，還是被我搞成了壓力源？我常常跟神禱告，不管再忙、壓力再大，請給我耐性、愛心對家人，也善待自己。學習用欣賞的眼光，看好的，不挑毛病，後來才逐步改善。在職場、家庭兩種不同模式的切換中，我們需要很高的自覺。

## 學習去看對方的優點

回到家，我們需要常練習的是，帶著祝福的眼光來看每件事。你戴上什麼眼鏡，看到的就會是什麼樣的世界。

像我常常跟自己講，我要戴著「看他優點」的眼鏡。我常半開玩笑說，我先生「不叫不動」，但是「一叫就動」。我如果只看前半部，很容易生氣：「奇怪，你怎麼沒看到家裡有這麼多事情沒做？」可是他的優點是，我一跟他說，他就會說：「好，我去做。」

儘管「不叫不動」是讓我生氣的，但我告訴自己，更應該常常看到他的「一叫就動」。這樣想，就會覺得他其實已經很棒了。幸福，是自己創造的感受。

當我用愛的眼光來看他，就處處看到他的可愛。他也有很忙碌的工作，但是回到家，他能很快「切換頻道」放鬆自己，做喜歡的事，看球賽、看雜誌、研究攝影，就連看 Discovery 都津津有味。他也是一個容易喜樂的人，隨便看個笑話，就開心得不得了，沒什麼事會讓他憂慮到睡不著覺。

而我的腦袋裡總是有一個長長的「to do list」，讓我不容易放輕鬆。我跟自己說：「嘿！ Rose，你要學學你老公。」我不僅不再糾結誰比較主動做事，而是帶著欣賞的態度來看他，我就愈看到他的好，也更看得到他對我的包容。

婚姻裡最需要的就是「愛的眼光」，它是創造美好關係的起源。而婚姻裡所謂的目標，沒有其他，就是美好的關係。

## 婚姻是盟約，不是契約

不管再忙，我們都常常記得跟對方說「我很幸運有你」，能一路走到現在，我們還是彼此最好的夥伴。

現在很多人選擇不婚，是因為覺得自己過得好好的，如果伴侶「不能為自己加分」，反而成為負擔，不如不要有。我也曾有過這種自私、不成熟的心態，好像在一個關係裡，自己不需要改變，而是對方要能把我的缺角補起來，這才值得我投入。就像是一個契約，雙方是有條件地付出，並且有對價關係。

然而一個愛的關係，就是兩人相互接納、影響、成長、成熟的歷程。沒有人是完全的，也都是自私的，唯有決定委身在一個沒有到期日、不能反悔的「盟約」裡，我們才會放棄自己的任性，真正學習去愛人。

《聖經》裡對愛的定義非常棒：「愛是恆久忍耐，又有恩慈；愛是不嫉妒；愛是不自誇，不張狂，不做害羞的事，不求自己的益處，不輕易發怒，不計算人的惡，不喜歡不義，只喜歡真理；凡事包容，凡事相信，凡事盼望，凡事忍耐。愛是永不止息。」

愛人不容易，第一就是要忍耐，有慈心，不然常常愛不出來。而且愛，只在於自己的態度與行為，上面沒有一句是要求對方的，這和絕大多數人面對愛的態度很不同。

「凡事包容，凡事相信，凡事盼望，凡事忍耐」不是因為可以相信對方一切的行為都是好的，而是選擇相信，愛我們的主掌管一切，才可以面對不完美的人，仍對人生有盼望。

我認為這不僅適用於婚姻關係，每種人際關係都是如此。愛，其實是一種決定，學習付出愛，讓我們成熟。

比起男性可以用事業定義人生，女性主管確實要面對更多的課題。台灣的離婚率居高不下，很多人也因為婚姻難，所以不願意結婚。但是我真的認為，婚姻最大的報償，就是你願意全心投入去經營這段關係，不比較也不計較。不論男女，都可以因為有一個堅固的愛的關係做後盾，在人生路上更勇敢。

對女性來說，幸福與成功不是一個單選題，而是值得一起擁有的禮物。

# Rose 的善良最讓我動容！

—— 胡德興

Rose 很善良、有愛心、很真誠。我認識她的時候，她剛離婚。她的前夫對她造成很大的傷害，我和她交往時，也覺得忿忿不平。偶然間，我看到她書架上有一本書《如何為你的丈夫禱告》。她說，她很感謝她前夫，讓她學習很多。當時我氣得要命，說人家騙你，你還感謝他，但這一幕，現在想起來很鮮明。

她對我的父母、家人都非常好，這讓我很感動。然而，對她來說，真正最難的角色，是我讓她當了後母。她是真心把我的女兒當自己的孩子，這很不容易。

對女兒，我是比較寵的，但 Rose 比較知性，可以對女兒在學習、成長上帶來很大的幫助，所以她會去教導女兒。只是，這就難免有衝突。我印象很深刻，有一次，她們有比較激烈的爭吵，我女兒「啪」地一聲把門關上，Rose 在她門前，跪在地上禱告，求神讓她可以當一個好媽媽。

畢竟不是親生的母女，這一路上，我看見 Rose 不斷經歷挫折，但從來沒有放棄。從丈夫和父親的角色，我非常感謝。

另一件讓我感動的事是，我們都各自經歷過一段婚姻，本來以為會傷痛很久，對另一半已經不抱希望。但在結婚典禮上，Rose 錄了一段影片給我，她說：「Philip, you complete me.」

我們在一起，就像人生終於找到失落的那塊拼圖。本來，我們兩個都不想再生小孩，只想好好過兩人世界，但她懷了孕，也生下來，而且正好在她事業往上走的巔峰。即使日夜顛倒、全球跑，但我看到她為了孩子，不斷割捨、付出，一切都心甘情願。雖然很不捨，可是她說，這是上帝讓她的人生圓滿。

雖然 Rose 能力很強，但她很謙卑，對人沒有上下之分。通常高階經理人每天都被 KPI 逼到極限，已經不可能再講什麼關心人、對人親切了。可是 Rose 可以，而且表裡如一，還塑造成工作的氛圍。我記得有一次我去雅虎，遇到門口的警衛，聽到我要找 Rose，竟然主動跟我聊起來。他說，他好榮幸被派到雅虎來當警衛，因為這公司的文化太棒了！

她離開雅虎後，加入雅虎的團契，裡面都是她以前下面的同事，但是他們一起可以很真心很自在地分享，像兄弟姐妹一般。她是我見過少數沒有階級概念的大老闆。

我比較感性，對事情要求沒那麼高，Rose 比較理性，凡事比較要求，在這一點上，我們個性是彼此互補的。

當然，兩個董事長回家，你說要聽誰的？我們也會有吵架的時候，但兩人都是基督徒，《聖經》上講「含怒不可過日落」，我們會吵，但很快就結束。我道歉是沒問題，但她也會主動對我道歉，而且很快，不會僵持很久。所以我們通常很快就和好了。

現在我們都離開大企業，開展第三人生，雖然各自還是有不少事，必須持續學習、成長與回饋社會，但我們有更多時間對話，親子關係也更好。這兩個週末，我們才一起去參加夫妻營，做更深刻、真實的內心交流。

幾年前，我曾經跟 Rose 一起接受年代電視台的採訪，當時每個人都很感動，因為我對著鏡頭說：「Rose, I love you forever.」

如今這句話依舊真切，做為一個丈夫，這就是我的心聲。

# 19 跟孩子做朋友，永遠不嫌遲

我的人生中有各式各樣的角色，但現在最讓我感到幸福的，莫過於成為一個母親。

走上母親之路，對我是個意外。第二次結婚，正是我工作蒸蒸日上、非常忙碌的時候。當時我四十歲了，我先生已經有了一個十歲很可愛的女兒，我們可以過得很好、很輕鬆，所以共識就是不生小孩。這也是今天很多夫妻的想法。

可是結婚第一年，我就懷孕了。我一度很掙扎，到底要不要生下來。沒想到去醫院檢查時，外面居然有個電視台的記者聽到我的名字。當天晚上我跟幾位女性朋友吃飯，她們都是成功的女性企業領導者，我突然接到我們公關經理的電話說：「Rose，你懷孕了嗎？非凡新聞說要播這個消息。」

我想這是上帝出手，我只好告訴大家。沒想到，她們全都鼓勵我說：「恭喜！你當然要生！」其中一位甚至說：「Rose，什麼事難得倒我們？把它當成一個專案來安排時間、資源就好啦！」這幾位姐姐們，意外地，竟成了我四十歲生小孩這個人生最重要決定的推手。

經過家人和朋友的鼓勵，我沒有自私地落跑，開始預備做媽媽。四十一歲的我是高齡產婦，但從進醫院到生小孩總共只花了三小時，進產房二十分鐘就生出來了，意外地順利，非常感恩。這一段經歷使我相信，上帝讓我做媽媽一定是個祝福。

## 疫情改變了我們的關係

只是，我和先生都有忙碌的工作，身為職業婦女的母親真是不容易。雖然家裡有幫手，體力上可以應付，但心裡常常有虧欠。當我接下亞太區業務，工作更忙，出差更頻繁，我無法像全職媽媽那樣全心投入孩子的生活。每當我的媽媽朋友們說到帶孩子去上了什麼課、陪孩子拉琴、踢足球，而我什麼都沒做時，焦慮感油然而生。

我不會燒菜，最怕聽到人說起最懷念母親的，就是「媽媽的味道」。工作忙，我甚至很少能準時回家吃晚飯。管家每次都會拍照給我看，他燒了什麼好菜給兒子吃，但我看到的，卻是一個孩子孤伶伶地在大餐桌上一個人吃飯，讓我心疼也很愧疚。

為了盡量不錯過他在學校的活動，我經常是出差回來，一下飛機，奔回家換件衣服，就直接趕到他的學校，只為了能抓住他成長中的重要環節。

這樣帶著焦慮與愧疚的關係，在兒子進入青春期後尤其面臨了重大的考驗。

中學時，兒子迷上打電動玩具，半夜常常「加班」，開始功課遲交、成績下滑，也出現一些脫序的行為，讓我非常擔心。我的工時很長，回家還是要繼續工作、開會，心情也無法輕鬆。儘管在每天很有限的時間裡，我想好好創造一些高品質的親子時間，但肯定的話講不到幾句，又忍不住提醒、糾正，總是一直在當「糾察隊」，落入工作中最擅長的「解決問題」模式。

一旦孩子以「不如預期」的方式回應，自己很容易落入在情緒中管教，不僅對孩子沒效，還嚴重影響我們之間的相處。

那段時間，我覺得自己脾氣不好，媽媽當得很差，內心常有一種控告的聲音，好像孩子缺乏學習動力，是我虧欠了他。在他九年級，也就是十四歲時，我決定讓他轉到一個重視獨立學習的學校，放學後有更多時間發展自己的興趣。我想，也許改變環境，他也會改變吧！因此，2020 年，我們全家也跟著搬家到學校附近，讓他方便上學。

那年新冠疫情爆發，我改在家裡上班，不再需要出差了。我先生也離開全職的職場。我們開始第一次和孩子有這麼多時間在家中相處。我的孩子在那一年以後真的改變了。改變他的不是學校，而是我們做父母的改變了。

## 那道心中的牆，倒了

一開始，孩子放學靜悄悄地進了房間。我很詫異他怎麼沒跟我們打招呼，原來他從小回家時父母都不在家，根本沒有這習慣。我們開始飯後一起去散步，談他有興趣的 NBA，或是最近在 Youtube 上看了什麼有趣的影片，和學校的事。我發現，我們愈輕鬆，他就愈肯分享在新學校裡的感受，包括開心和失落的。

女兒也在家上班。她還算是社會新鮮人，我們能聊的話題愈來愈多。過去我們一家就喜歡週末一起看電影、玩桌遊、打撲克牌，如今相聚時間多很多，可以一起吃晚餐、聊天、一起玩。

任何關係都需要經營，不要以為親子自然很親近，不需要刻意做什麼。其實大部分的人都沒想過，表達愛的方式有哪些。每個人最喜歡的「愛之語」不同，稱讚、禮物、精心時刻、服務、擁抱，都是表達的方式。我們全家做了測試，發現我們都最喜歡被稱讚，再來是服務和精心時刻，反而送禮物不是我們最看重的。

「跟孩子一起玩」，對增進親子關係很有幫助。遊戲中，大家都是平等的，一起開玩笑一起鬧，很輕鬆，就算輸了都開心。在疫情間，我們全家還冒險戴著口罩去戲院看電影。孩子有想看的電影，都會先找家人一起看。這些都成了我們快樂親子關係的回憶。最近兒子才跟我講：「不是每一個同學都會常和爸媽一起去看電影。」我聽了很感動，但也為那些失去一起玩、一起開心的親子感到遺憾。

我發現，當我們都放慢步伐，孩子在我們身邊沒什麼壓力時，就能更自在地表達自己，我也能更有耐性地聽他說，肯定的話就會自然而出，不再是急著給建議。家人發自內心的肯定、讚美，讓孩子的信心活過來。

當我們愈接納彼此，也愈願意接受對方的意見。過去讓我感到挫折的那道牆倒了，我感受到無比的滿足。

奇妙的是，從此以後，兒子花在電玩上的時間漸漸少了，他說，以前打電玩得到很大的成就感，雖然知道不應該花那麼多時間，但是那裡的吸引力真的很強。現在他覺得，有成就感的事多了，就不在意遊戲的排名，自然就不需要一直玩。他的成績也一次比一次進步，甚至有好長一段時間，他為口吃困擾，症狀也幾乎全消失了。

這時候，兒子跟我說：「媽媽，我想再轉回以前的學校。」對這個決定，我沒有任何責怪。我知道青少年時，身邊有好朋友、在一個有歸屬感的學校畢業，對他很重要。這次再回去，我知道他準備好了。我們答應他，全家再搬一次家。

回去之後，孩子整個不一樣了，他知道珍惜學校生活，自動自發，也開始挑戰自我，跨出他的舒適圈，積極參與校內校外的活動與服務。最重要的是，我們家庭的氣氛跟以前完全不一樣了。我們放輕鬆，耐心就多一點，用欣賞的角度去看孩子時，關係就改變了。兒子常常說，他每天都很快樂、我們的家庭真的很幸福。這些話從一個走過叛逆期的青少年孩子口中說出來，是莫大的安慰。

## 學習用智慧面對試煉

做父母真的不容易，但也真是好寶貴、無法取代的成長經歷。

回頭看這段路，我覺得當中有幾項試煉要仰賴我們用智慧應對。

首先，認清我們並不「擁有」小孩。孩子是上帝託付給我們照顧的產業，我們的角色像是蝙蝠俠身邊的阿福，一個忠心良善的「管家」。做父母焦慮感的來源之一，是以為孩子是我生的，就是我的，希望孩子照著自己的期望長大。若是孩子做不到、有問題，做父母的就很失望、壓力很大。孩子沒出息，似乎是宣判自己的失敗。

做為一個基督徒，我了解無所不能的上帝是我們的天父，祂很了解我們，對每一個人都有獨特美好的計畫。當我為孩子擔心焦慮時，神常常提醒我，祂比我更愛我的孩子，要我有信心、耐心。我不擁有他，我只是替上帝盡心照顧的管家，給他們愛和正確的價值觀，讓他們認識主。主的計畫比我的高明，我放手，神才能接手。

我也相信，如果上帝賜給我這樣一個忙碌的職業婦女小孩，祂也一定會給我能力做孩子的好母親。想清楚這一點後，我就能放下「比較」的心態。孩子學鋼琴，沒興趣不想學了，我不會逼他；他學畫畫有天分，喜歡學寫程式、做遊戲，但因為中學功課忙而停了，我覺得可惜，但也不強求。

最近兒子自己說，他很遺憾有些他有興趣的事，沒有持之以恆地做下去，做到好。青少年時就有這種體悟，我反而覺得是他生命的禮物。

不要把用在職場上的目標導向放在教養孩子身上，每個孩子都有屬於他的時間表，這在我家就真實如此，讓我不禁對生命成長的奧秘更感到謙卑。就像有些植物一定要經過寒冷才會開花、有些果樹刺傷過後更能結出豐碩的果實。當孩子經歷挫折，我們能給他最大的支持，並不是替他「解圍」，而是耐心地接納與陪伴，等待他破繭而出。

再者，一旦有了小孩，尤其是媽媽，注意力全轉移到孩子身上，眼裡常因此看不見配偶的需要。這也是為什麼很多夫妻有了小孩之後，談的都是孩子的事，丈夫成了司機，感情就冷淡了。不要忽略，孩子的安全感來自於父母的關係。

我很幸運，我先生是個愛妻子、愛家的男人。他知道，夫妻關係好了，親子關係才會好。

他很用心，體諒我工作忙，三不五時會找我單獨打球、和我「約會」。我們的關係是孩子安全感的來源，孩子不必擔心爸媽不同調，或是什麼事只能跟哪個說。

很多夫妻會因為教養意見不同而反目，在這點上，我們要學習欣賞另一半的不同，然後找到最適切的分工。像我先生說，我對管教的標準比較高，教養就由我負責，家裡的康樂股長則由他擔綱。他常常是不管孩子明天考不考試，照樣拉著孩子再多看一下籃球比賽的老爸，創造出親子間輕鬆的氛圍。

這幾年，我們家週末有了「家庭祭壇」時間，這是我們家庭的精心時刻。吃完飯，輪流分享這週最快樂、最感恩，或是焦慮、難過的事，再一一提出自己的需要，為彼此向主耶穌禱告。在這個既輕鬆，又有儀式感的家庭聚會裡，因著共同的信仰，我們可以很放開地說出心裡的感受，不被批評，只有正面的接納和鼓勵，把我們的心拉得更近。

此外，做為職業婦女，雖然兼顧家庭和工作不容易，但不要小看我們的社會經驗，可以為兒女成長帶來額外的養分，我們在職場上工作，可以提早讓孩子知道工作和社會到底是怎麼回事。例如，兒子在小學喜歡程式設計，我就請懂技術的朋友撥空和他聊聊，朋友看到他的潛力，對孩子更是鼓勵。

大人聚會的場合，如果合適，我會儘量讓孩子加入，讓他們從小就有機會聽成年人的談話，學習應對進退，表達自己。就連在國外，有機會我也會帶著孩子和我的國外同事、朋友見面。孩子在中學時就多次嘗試過工作實習，因此對職場不陌生，也幫助他想像以後想做什麼樣的工作。我們不用直接擔任孩子的老師，我們可以把真正的老師帶進孩子的世界。

像我兒子中學時很迷日本動漫，他一度跟我說，以後想去日本當插畫家。比起直接對他分析適不適合，我乾脆請人介紹了一位曾經做過插畫家的人跟兒子聊，讓他第一手聽到這個行業的甘苦。果然，由他自己聽了之後判斷，會比父母在一旁幫他做決定更有說服力。

從小帶他們接觸各行各業的人，讓孩子看見好的典範，對工作和人生充滿期待。這些經驗會潛移默化，在他們腦海中生根。

其實，孩子很快就長大了，沒多久就成了青少年、成年人。做父母最終的功課是，拿掉由上而下管教的框架，跟孩子做朋友。成為孩子最好的朋友，永遠不嫌遲。

就像我女兒現在常常會跟我討論工作上種種，有時我像她的私人教練，有時又像朋友，而我也很開心地可以拿我的經驗和她分享。當她在國外念大學時，我們一星期聊不到幾分鐘，給她的簡訊也不會即時回。但開始上班，我們可以談的話題反而愈來愈多，關係反而愈來愈親密。

去年聖誕節前夕，她拿著一件閃亮的迷你洋裝，跑來找我說：「媽媽，你要不要穿我這件衣服去聖誕派對，超適合你的，我還沒穿過，你可以先穿。」以前我很遺憾，在女兒中學時我太忙，沒好好陪伴她。現在我知道，我們母女美好的關係才剛開始。

《聖經》裡說：「兒女是耶和華所賜的產業，我們所懷的胎，是祂的賞賜。」這意思並不是說，兒女要表現多優秀、多貼心才叫做賞賜，而是我們能夠成為父母，這段歷程本身就是最珍貴的賞賜。

儘管做父母的滋味總是甜中帶酸，有時候可能還帶點痛，但是沒有其他關係可以取代做為父母的成長與欣慰。我祝福看這本書的朋友，也能得到這一生最珍貴的賞賜。

# 給十六歲兒子的一封信

親愛的 Sean，

今天一早你就去練騎車，我和爸爸也預備前往台南參加明天的小半馬拉松。我們都帶著愉快的心情接受挑戰、接受訓練。人生中，上帝給我們很多不同的機會，有的覺得 excited，有的似乎是挑戰，但我們面對它的態度，決定了這些機會是挑戰、甚至挫折，以及帶給我們的意義。

今天是你的「成年禮」，雖然你還未滿十六歲，但你是個成熟的孩子，媽媽很開心有機會祝福你，也給你幾個我學到的人生智慧：

1、Be open-minded。我們若有能聽的耳，並且有柔軟的心，加上聖靈的幫助，可以少一些不必要的自我中心與固執，反而能廣泛並強大地吸取別人的經驗與建議。

2、只要勇敢去做，就沒有 failure（失敗）。最大的 failure 就是原地踏步。心中想要試、想追求、想改變的，先不要想成功機率多大，只要去做，你的每一個嘗試都會成為自己的資產，沒有人能拿走。「成功」、「失敗」是一種比較後的看法，而那把尺往往是自己的期望或別人的眼光。不要害怕，不要被這些期待阻礙了你，你的人生有多豐富，能走多遠，就看你自己多勇敢、多努力往那目標前進，上帝一定會成為你一路上的助力！

3、投資在你的長處上。你的長處是上帝的恩賜，祂一定對你如何好好發揮有計畫。一個人的長處不只在技能上，也包括我們的性情。例如你很能與人和諧相處，有同理心，同時又有創意，可以好好體會、鍛鍊你的 hard skills 和 soft skills，用你的特質去做一個有溫度的領導者，得到發揮自己長處的美好體驗，這會給你動力繼續下去。

4、Be kind。聖經教我們「你們所做的，都要憑愛心而行」。有一天我們每個人都會走到人生盡頭，你會希望別人如何紀念你？做個善良、不計較、慷慨付出愛的人，只有愛的關係才能長存。

5、你會有很多角色，選擇先做「上帝的孩子」，這是爸媽這一生能給你最好的帶領。我們會錯，也會自私、不足，但天父是完全的，在你困惑失落甚至成功時，別忘了，你是天父的寶貝，不要離開祂。He is always there for you. 祂也永遠不會離開你。

We love you so much.

You are the best gift God has given to me and dad.

We are so proud of you.

Watching you grow and transform yourself has been incredibly rewarding.

You are on a wonderful life journey.

Be brave, be joyful, be positive.

We are always here for you.

Congratulations on finishing half of the cycling trip. Keep it up!

Love,

Mom & Dad

3/26/2022

# 20 享受人生的季節

2020 年 12 月 31 日，我離開了工作二十年的職場，開啟新的一章。

我喜歡工作，也很喜歡人，所以我一直認為我會工作到至少八十歲。每次跟朋友、家人聊到退休的話題，我都會直覺地反應：「能做就一直做下去啊，不做事，留在家裡幹嘛？無聊死了。」

隨著時間過去，我開始意識到自己跟三十幾歲時不同了。儘管我為了維持體能，努力運動、重視健康，但心境上就是不一樣。

就像我在前面章節提到，2018 年，老闆問我要不要轉去美國工作，如果是十年前，我一定會很興奮地考慮。然而，當下那一秒鐘我突然意識到，現在的 Rose 已經不是以前的 Rose。我第一個想到的，是我先生孩子會受到的影響，以及年邁的母親。我發現我生活中的優先順序已經改變了。我也才真正感受到，原來在不同的時間點，想要的東西會完全不同。

長期在高度壓力下工作，我的生活愈來愈忙，時間被不斷增加的會議塞滿，高度的自我要求跟挑戰變成一種內在焦慮。而我活在這種焦慮下的時間已經長到身體發出警訊。醫生檢查出來我有「晚期的腎上腺疲勞」，表示我的腎上腺已經像長期拉緊到極點的橡皮筋，彈性疲乏到沒有辦法再藉調節分泌來恢復平衡。

除了工作中碰得到的東西，我幾乎沒有空去看其他的事物。像我參加台灣世界展望會的董事會已經十多年了，但過去我永遠只在開會時急忙進會議室，儘管有再多有意義的事工、有再多感動，會議一結束就得急著離開去做下一件事，沒有時間更多投入，心裡總有一點遺憾。

另一端，面對父母，我看到他們年紀愈來愈大，難以抗拒體力的衰退，不得不對愈來愈多事物失去好奇與活力。他們的老去彷彿不斷提醒我自己：必須好好珍惜有限的人生。

面對兒女，當時我的兒子才十四歲，但他很快就長成一百七十多公分的大男孩。我還有多少機會可以好好跟他說段話，甚至抱抱他？我在他身上看見時間不斷地飛逝，再不把握就來不及了。

這些訊號不斷在我的生活中出現。直到五十四歲得到乳癌，成為促動我決定的最後一根稻草。於是，2019 年時，我就跟執行長說，我會再做一年，擬好接班計畫。我下面的主管都很優秀，他們都準備好接棒，這個舞台也該讓別人站了。

不論多少高低起伏、有多少精采回憶，那美好的仗我已經打過了。生命裡的這一章已經結束，我應該要翻到下一頁了。而我對下一章，非常期待。

## 做出「有意義的分享」

離開全職職場，對我來說像個轉場，目的是為了讓我的人生過得不一樣、更豐盛，而不是進入所謂退休人生，想的只是怎麼打發時間。

什麼改變是我立即想要的呢？其實很簡單，能夠停下腳步、一次專心做一件事，享受其中，而不是一口氣想好接下來要做的十件事、活在很多事還在排隊中的焦慮感，我就覺得非常扎實與滿足。

記得剛離開雅虎的時候，有一天我自己開車到南港，我這才發現，原來台北流行文化音樂中心離雅虎辦公室這麼近。過去每天上下班，我都是坐在車後面，忙著打電話、看電腦、處理公事，心思意念都被工作占滿，完全沒興致抬頭看看附近的風景。更可笑的是，如果不是靠 Google Map，我竟然不會自己開車走這段上下班超過十年的路。

少了祕書幫忙，許多生活中的瑣事，我必須自己動手來做。的確，需要重新學習，磨練耐性，但當我專注完成時，竟然有一種自我肯定的喜悅油然而生。好像上帝重新打開我的感官，長久的工作壓力開始慢慢釋放。

五十五歲退休前，我整整工作了三十年。如果上帝允許，未來我也許還有另一個三十年。未來的三十年，會是怎麼樣的三十年？我問我自己。人生下半場更需要我好好規劃。

我非常喜歡《聖經》中說的：「你們得救在乎歸回安息。你們得力在乎平靜安穩。」這是很棒的智慧，每一天怎麼開始很重要。週間的每天早上九點，我和雅虎團契的朋友一起讀經禱告半小時，讓自己帶著盼望和能力，開啟一天。晚上睡前，寫下三件感恩的事，帶著幸福的心結束一天，這是我的方式。

退休對我來說，是把我過去的經驗、歷練、好奇心放在現在要做的事上，只不過，目的跟以前不一樣了。

我開始真正地花時間關心家人、陪伴朋友。而且，不是為「收穫」，而是「服事」與「付出」，得到的滿足感更多。就像我信主二十二年了，前二十年，由我傳福音因而信主受洗的人，頂多只有五位，然而光是過去兩年，我就陪了五位朋友認識主、一起讀經禱告、陪他們決志受洗。看到他們每一位經歷主的更新與力量，我的滿足喜樂難以言喻。

即使離開職場，我在職場的經驗仍然持續發揮影響力。我錄製線上課程、出書，都是希望整理、集結過去的經驗，幫助更多人在工作上突破，做出「有意義的分享」。

2019 年，我接下台灣世界展望會董事長無給職的工作。展望會將台灣廣大資助人的愛心，幫助國內外二十多萬個孩子和他們的社區，找到希望。我自然責無旁貸，應該善用我的經驗，帶領機構邁向新的里程碑。於是，在我接掌董事長第二個月，我就開啟了數位轉型工程。我們要賦能所有的同仁，運用科技跟數據來提升效率、改善服務體驗、增加募款。

數位轉型是所有企業組織都在面對的題目，需要人才、資源、更重要的是對改變的態度。這不是件容易的工作，我們動起來之後，每個星期開轉型會議，從一開始大家的想法模糊，一步步幫助團隊去釐清數位轉型是什麼、我們的短中期目標又是什麼。

兩年下來，啟動行動辦公室，工作流程數位化，最重要的是，我們的管理文化改變了，從過去憑經驗，到現在可以憑數據做決策。更重要的是，同仁對數位的心態也從抗拒轉變成擁抱。

回頭看，我過去一直在網路公司，這經驗幫助我對帶動傳統組織的改變與文化，有了更深的體悟。其實，非營利組織更不容易管理，很多人以為只要有一顆愛心就夠了，反而更不容易改變。比起獲利為目標的企業，它也少了很多誘因跟管理工具，所以更需要透過理念與溝通，讓大家看到數位化帶來的好處。

我這才發現，我過去鍛鍊了那麼久的管理功力，不只為用在帶領團隊賺錢獲利，也預備我在這一刻派上用場，用來服務世界上有需要的孩子。

## 新的角色：mentor 之旅

我擔任了幾位創業家的 mentor，在 AAMA 台北搖籃計畫、女董協會，我也有幾位 mentees（學員）。我很高興，有機會陪伴不同的年輕創業家或經營者成長。我鼓勵他們，讓他們知道有方法做到；告訴他們，風險與機會在哪裡，以及誠實地告訴他們什麼地方需要改進。

走上這段路程後，我反而覺得，神在更多地方用我。過去我累積了從零到一、從十到一百不同階段的管理、國內和國際市場的經驗，很多都是創業家需要的，我當然知無不言，希望能助他們一臂之力，少走一些冤枉路。

離開全職的職場，其實是打開一扇新的門，讓我進入更多元的領域。因為擔任幾家不同產業公司的董事，讓我對公司治理、製造、電源、網通、基金業務等，有更深的了解，也連帶涉獵ESG、再生能源、虛擬貨幣等新的領域，擴展視野。不論是專業、產業或是藝術創作，有目標的學習，是生活很重要的規劃。

比起男性經理人，女性上班時通常都是工作、家庭兩頭忙，較少在外面社交。但我尤其建議女性要建立自己的社交網絡，這對第三人生的選擇性非常有幫助。例如我做企業董事，好幾個機會都是在企業家的社團裡、多年熟識的朋友邀請加入的。透過彼此互動與了解，可以打開更寬廣的連結。

我加入台灣女董協會，一方面是希望推動台灣企業更重視女性領導人的價值，另一方面，同樣是希望女性企業家和高階管理人才，也有更多互相支持學習的組織。因為對男性來說，這樣的社團很多，而且往往很少女性參與。如果女性自己還不幫助女性，那就更困難了。其實，優秀的女性很多，只是大家互相不認識。我希望有更多人出來，打破大部分女性都是孤軍奮鬥的現況。

我很感恩的是，我一直沒有活在傳統價值觀的窠臼下，所以各種身分與角色的轉換間，我都覺得很自在，而且有收穫。收穫是什麼？就是不斷地學習。我發現，我的世界比以前更豐富、更多彩。當然，要不靠全職工作，仍能享有理想生活，有些現實的課題還是要做好準備，這才是務實的做法。

## 不要忽略現實的課題，做好準備

首先，一定要做好財務規劃。不能等到快退休才做，我建議愈早做愈好。有人說，退休理財常有的幾個錯估：高估投資收益、自己掌握的資訊，卻低估通貨膨脹、住房成本、醫療成本和自己的壽命。

我們夫妻一直有做投資理財。對投資工具有基本的了解，在我看來是必要的。多年前，我們就開始做年度與季度的財務盤點，檢視各種長短期資產的配置、投資報酬，我還編了一張報表，一目了然。退休前，我們也對家庭花費做了預估，尤其當退休時，掌握現金流就更重要，因此我開始用記帳軟體，讓我更準確地掌握費用。

掌握錢的流向，才能合理掌握自己的生活品質，不會為經濟問題而感到不安。

其次，一定要保持健康。我從四十歲起，每年都做健康檢查。我的乳房多年前發現有纖維囊腫，但我有持續追蹤。兩年前照超音波時，發現半年前是 0.4 公分，當時是 0.7 公分，醫生說長太快了，要我趕快去切片，我就立刻去做了穿刺檢查，確定是乳癌，還好沒有擴散，及早發現切除，免去化療的痛苦。這是神的眷顧，也是平時就乖乖健檢、追蹤的祝福。

我見過好多人從來不做健康檢查。相較於後來會付出的代價，健康檢查中的一些麻煩跟不舒服，都是微不足道的。

紀律不只對健康重要，對體重管理也是。很多人看我多年身材都沒什麼改變，問我怎麼維持身材。我的方法很簡單，首先就是每天量，早晚我習慣各量一次體重，這樣絕對不可能突然胖起來。當體重多一公斤，我會馬上開始採取行動，晚上少吃一點澱粉，很容易控制回到平常的水位，因此我的體重這二十多年變化就在上下一兩公斤而已。

年輕時，我不愛運動，年紀愈長，運動愈不可少。以前我總是跑起來這裡痛、那裡痛，絕對不相信自己能長跑。奇妙的是，當我學習正確的跑步方式，也開始鍛鍊後，如今連我這樣的菜鳥都可以成功跑完半馬。為自己設立一個可達成的目標，不但能維持運動的動力，更會帶來成就感。

其實，運動不只是為了流汗、鍛鍊心肺功能和肌力，尤其是個人式的運動，是種很深層的自我對話。像打高爾夫球，每一次揮桿，感受自己的情緒與動作，都是一種自我覺察。你會發覺，愈急躁表現愈差。只有讓心境安定下來，不被前一桿影響，好好專注在當下擊球，才會不斷進步。這也是一種心智的修練。

觀察我的朋友間，成功享受第三人生的，除了生活有目的、有興趣，也需要同好和同伴。夫妻是最好的同伴，若是過去生活都是各過各的，就要開始調整，不然另一半非但不是良伴，反成了礙眼的人。

我先生和我很幸運在同一年退出職場，我們共同的興趣很多，基本上沒有一件事是只有一個人愛做、另一個人完全不能做的。只要其中一人提議，三兩下，兩個人就馬上一起出門。相處時間長了之後，我反而更欣賞他，看到許多以前沒注意到的優點。

當然，除了另一半之外，還是要有不同的朋友圈。許多人除了同事，沒有好好去結交一些其他的朋友。退休後，要讓自己有伴、有活力，社交變得非常重要。我有位單身朋友一退下來，便和一群死黨大江南北地旅遊，生活多采多姿，彷彿重拾年輕時無憂無慮的日子。另一位好朋友，退休之後，做了許多有意義的服事，學習中醫、繪畫，並且抱著感恩的心陪伴高齡的母親與公婆。雖然照顧長輩並不輕鬆，但她想著這是最後一次機會能好好陪媽媽，就感到滿足，而不是負擔。

進入新的季節，感受不一樣的自己。現在，可以更自覺地去選擇，該把時間、精力用在哪些人與事，十年、二十年後，不覺得遺憾。

我的第三人生正以圓滿的姿態展開，而我也準備好了，要細心品味這一路上的點滴和美景。

My Journey

# 我的成長、職涯與家庭

人生，就是要勇敢無懼走一遭。
對我而言，一場精采的仗，我已經打過，
而最好的季節，如今才正要開始。

● 從事軍職的父親看起來威嚴，卻很有溫度，
他待人處事與領導團隊的態度是我的模範。

● 母親重視我們教育，卻很開明，給我很多自我探索的空間與自由。我和媽媽站在爸爸上下班的軍用吉普車前。

● 媽媽、哥哥、兩位姐姐與我，
在左營眷村的老家。

● 大學時參與外文系畢業公演，飾演《雙姝怨》裡老太太的角色，贏得喝采，更教導我蹲好馬步的重要。

● 三十二歲的我接任 MTV 總經理，踏上外商總經理之路。

● 我與 MTV 的 VJ 群。左起吳振天（Allan）、徐曉晰（Stacy）、李蒨蓉（Janet）、路嘉怡（Miranda）、張兆志（George）。

● **2000** 年，我一腳踩進了未知的網路業，完全改變了職涯路徑。這是**2005**年雅虎管理團隊到中國參訪。左二為雅虎創辦人楊致遠，右一為當時執行長 **Terry Samel**。

● **2001** 年，雅虎併購奇摩之後，雅虎奇摩的經營團隊正巧幾乎都是女性主管，在科技業並不多見。

● **2007** 年，我與四位無名小站創辦人簽約，無名小站正式併入雅虎。右二簡志宇、左二林弘全。

● **2007** 年，我從雅虎台灣總經理晉升，負責北亞日韓台灣、香港，並擔任澳洲合資公司 **Yahoo7** 的董事長。

● **2008** 年，雅虎併購 **B2C** 電商合作夥伴興奇科技。中為雅虎創辦人楊致遠，左二為興奇創辦人何英圻。

● 2017 年，美國電信公司 Verizon 買下雅虎，更名為 Verizon Media。左一王興、左二陳琚安、右一林振德、右二許明彥。

● 2019 年，我和 Verizon Media 印度裔執行長 Guru Gowrappan（左一）及 CTO 技術長。左二為台灣董事總經理王興。

● 我與 **Verizon Media International** 國際事業部門的跨國團隊。

● **2019** 年，我接下台灣世界展望會董事長的工作。期望善用我的管理與數位經驗，提升 **NGO** 的效率與數位轉型。

● 每個星期天中午，我們家所有孩子都回家和爸媽吃飯。這傳統維持幾十年，將我們全家緊緊聯繫在一起。

● 人生各式各樣的角色中，最讓我感到幸福的，莫過於成為兩個孩子的母親。

● 我的第三人生正以圓滿的姿態展開，而我也準備好了要細心品味這一路上的點滴和美景。

天下財經 494

# 親愛的別怕 勇敢說 YES

## 關於生涯、職場、家庭、信仰的 20 則人生提醒

親愛的別怕，勇敢說 YES : 關於生涯、職場、家庭、信仰的 20 則人生提醒 / 鄒開蓮, 盧智芳著. -- 第一版. -- 臺北市 : 天下雜誌股份有限公司, 2023.03
272 面 ; 14.8×21 公分. -- (天下財經 ; 494)
ISBN 978-986-398-874-8(平裝)

1.CST: 鄒開蓮 2.CST: 職場成功法
3.CST: 領導 4.CST: 傳記

494.35 112002754

作　　者｜鄒開蓮、盧智芳
封面設計｜高郁雯
圖片編排｜邱介惠
內頁編排｜中原造像股份有限公司
封面攝影｜有 fu 攝影游勝富
責任編輯｜王慧雲（特約）、何靜芬

天下雜誌群創辦人｜殷允芃
天下雜誌董事長｜吳迎春
出版部總編輯｜吳韻儀
出 版 者｜天下雜誌股份有限公司
地　　址｜台北市 104 南京東路二段 139 號 11 樓
讀者服務｜（02）2662-0332　傳真｜（02）2662-6048
天下雜誌 GROUP 網址｜ www.cw.com.tw
劃撥帳號｜ 01895001 天下雜誌股份有限公司
法律顧問｜台英國際商務法律事務所・羅明通律師
製版印刷｜中原造像股份有限公司
總 經 銷｜大和圖書有限公司　電話｜（02）8990-2588
出版日期｜ 2023 年 3 月 29 日　第一版第一次印行
　　　　　 2023 年 4 月 13 日　第一版第二次印行
定　　價｜ 420 元



書號：BCCF0494P
ISBN：978-986-398-874-8（平裝）

直營門市書香花園　地址｜台北市建國北路二段 6 巷 11 號　電話｜ (02)2506-1635
天下網路書店　shop.cwbook.com.tw
天下雜誌我讀網　books.cw.com.tw
天下讀者俱樂部　Facebook　www.facebook.com/cwbookclub